Veröffentlichungen des Seminars für Sprache und Kultur Chinas an der Hamburgischen Universität
Nr. 1

Die Form bankmäßiger Transaktionen im inneren chinesischen Verkehr

mit besonderer Berücksichtigung des Notengeschäfts

von

Dr. rer. pol. Ku Sui-lu

Hamburg
Kommissionsverlag L. Friederichsen & Co.
1926

Vorliegende Arbeit wurde als Dissertation der Rechts- und Staatswissenschaftlichen Fakultät der Hamburgischen Universität eingereicht

Druck von J. J. Augustin in Glückstadt und Hamburg.

Inhaltsverzeichnis.

Erstes Kapitel.

Zweites Kapitel.

Literaturangaben.

I. Chinesische Quellen.

Die wichtigsten für den geschichtlichen Teil verwendeten chinesischen Quellen sind:

1. Tschou li, übersetzt von Biot, Le Tcheouli ou Rites des Tcheou, 2 Bde. (Paris 1851).
2. Schï ki, Kap. 1—46 übersetzt von Chavannes, Les Mémoires historiques de Se-ma Ts'ien, 5 Bde. (Paris 1895 ff.), sowie die übrigen der
3. Ör-schï-sse schï, d. h. der 24 dynastischen Geschichtswerke.
4. Wên hien t'ung k'ao, die große Enzyklopädie des Ma Tuan-lin aus dem 13. Jahrhundert, mit Fortsetzung, sowie die ähnlich angelegten Werke T'ung tien des Tu You (gest. 812 n. Chr.) und das T'ung tschï des Tschêng Ts'iao (1108–1166), beide mit Fortsetzungen.
5. Ta Ming hui tien und Ta Ts'ing hui tien, die Satzungen der Ming- und der Mandschu-Dynastie.

Für die Darstellungen der neuesten Entwicklung wurden vor allem verwendet:

6. Ta Ts'ing fa lü ta ts'üan 大清法律大全, Sammlung der von der Mandschu-Dynastie erlassenen Gesetze.
7. Tschung hua fa ling hui tsuan 中華法令彙纂, Sammlung der Gesetze der chinesischen Republik.
8. Verschiedene Sonderschriften in chinesischer Sprache über die Entwicklung des Geld- und Bankwesens in China; die wichtigsten darunter sind:
   a) Beiträge zum Entwurf des Wechselrechts 票據法研究 (Schanghai 1922).
   b) Geschichte der Entwicklung der modernen Banken in China 中華銀行史 (Schanghai 1920).
   c) Untersuchungen zur Einführung des modernen Giro- und Abrechnungswesens (Schanghai 1922).

Schließlich lieferten verschiedene periodisch erscheinende Veröffentlichungen des Vereins der Banken manches Material; genannt seien:

9. Yin hang nien kien (The Bankers Yearbook) 銀行年鑑.
10. Yin hang tschou pao (The Bankers Weekly) 銀行週報.

II. Europäische Quellen.

1. G. Eug. Simon: Sur les institutions de crédit en Chine. Journal of the North China Branch Bd. VI (Schangha 1871) S. 53ff.
2. O. Franke: Grundeigentum in China. Leipzig 1903.
3. Edkins: Banking and Prices in China. Schanghai 1905.

4. H. B. Morse: The Trade and Administration of the Chinese Empire. London 1908.
5. Chen Huan Chang: The Economic Principles of Confucius and his School. New York 1911.
6. Vissering: On Chinese Currency. Amsterdam 1914.
7. Wagel: Chinese Currency and Banking. Schanghai 1915.
8. Max Weber: Religionssoziologie Bd. I. Tübingen 1920.
9. R. D. Hall: The Chinese National Banks. Washington 1921.
10. Erinnerungsgabe für Max Weber. II. Bd. München und Leipzig 1923.

III. Fernerhin berücksichtigte Literatur.

1. K. Kiga: Das japanische Bankwesen. Leipzig 1904.
2. R. Ehrenberg: Das Zeitalter der Fugger. Jena 1912.
3. Riesser: Von 1848 bis heute. Bank- und finanzwissenschaftliche Studien. Jena 1912.
4. Philippovich: Grundriß der politischen Ökonomie, 15. Auflage. Tübingen 1920.
5. A. Sartorius v. Waltershausen: Deutsche Wirtschaftsgeschichte 1815—1914. Jena 1920.
6. G. Fr. Knapp: Staatliche Theorie des Geldes. 3. Auflage. München und Leipzig 1921.
7. K. Helfferich: Das Geld. 5. Auflage. Leipzig 1921.
8. Conrad Hesse: Politische Ökonomie. 10. Auflage. Jena 1921.
9. A. Dopsch: Die Wirtschaftsentwicklung der Karolingerzeit. 2. Auflage. Weimar 1921.
10. H. George: Soziale Probleme (Deutsch von Stöpel.) 4. Auflage. Jena 1921.
11. Ch. Gide & Ch. Rist: Geschichte der volkswirtschaftlichen Lehrmeinungen (Deutsch von R. W. Horn.) 2. Auflage. Jena 1911.
12. Werner Sombart: Der moderne Kapitalismus. 4. Auflage. München und Leipzig 1921.
13. Ad. Damaschke: Geschichte der Nationalökonomie. 13. Auflage. Jena 1922.
14. G. Obst: Das Bankgeschäft. 5. Auflage. Stuttgart 1921.
15. G. v. Schultze-Gaevernitz: Die deutsche Kreditbank. Tübingen 1922.
16. G. Simmel: Philosophie des Geldes. 4. Auflage. München und Leipzig 1922.
17. Irving Fisher: Die Kaufkraft des Geldes (Übersetzt von J. Stecker & Bauer.) 2. Auflage. Berlin und Leipzig 1922.
18. H. Döring: Die Geldtheorien seit Knapp. 2. Auflage. Greifswald 1922.
19. G. Obst: Geld-, Bank- und Börsenwesen. 18. Auflage. Stuttgart 1922.

Erstes Kapitel.

Einleitung.

I. Begriffliches.

Im allgemeinen versteht man in China unter Banken jegliche Art von öffentlichen und privaten Kreditanstalten. Das Wort 錢莊 ts'ien-tschuang (Geld-Geschäft) oder 銀號 yin-hao (Silber-Geschäft) wird gewöhnlich „Bank" übersetzt und deutet darauf hin, daß zunächst alle Geschäfte, die sich aus dem Geldkapitalverkehr ergeben, Bankgeschäfte sind. Erst später, nachdem die Bankiers begannen, vorwiegend mit fremden Geldern zu arbeiten, wurde der Begriff „Bank" als Kreditvermittelungsinstitut abgegrenzt. Diese Definition entspricht auch der europäischen Auffassung.[1]) Bei näherer Betrachtung zeigt sich aber, daß dieser Begriff im einzelnen höchst unbestimmt ist und in verschiedenen Epochen der chinesischen Wirtschaftsgeschichte verschieden aufgefaßt werden muß.

II. Grundzüge der Entwicklung des chinesischen Bankwesens.

Der wirtschaftlichen Entwicklung entsprechend lassen sich etwa vier Perioden der chinesischen Banktätigkeit unterscheiden.

A. Banken im Sinne von öffentlichen Kredit-Fürsorge-Anstalten zur Zeit der sogenanten „Feldgemeinschaft" (ca. 2200-247 v. Chr.).[2])

---

[1]) Vgl. Handwörterbuch der Staatswissenschaften 4. Auflage, Artikel „Bank".

[2]) Im Altertum wurden die Felder unter Zugrundelegung des Zeichens 井 „tsing" (Brunnen) eingeteilt. Je neun Felder wurden so angeordnet, daß das mittlere, auf dem sich der Brunnen befand, öffentliches Land war, während die acht umliegenden Felder an die einzelnen Bauern verteilt wurden, die außer ihren eigenen Feldern das öffentliche Land mitbestellen mußten. Von dem Ertrag der Brunnenfelder wurden dann die öffentlichen Ausgaben bestritten. Mong-tse sagt (III A 3 S. 51 f. bei Wilhelm): "Das Herrscherhaus von Hia gab den Leuten 50 Mou (Flächenmaß = etwa ein Morgen) und nahm Steuern. Das Haus Yin gab ihnen 70 Mou und nahm Frondienste. Das Haus Tschou (1122—249 v. Chr.) gab ihnen 100 Mou und nahm Abgaben. In Wirklichkeit nahmen sie alle den Zehnten. Die Abgaben beruhten auf der Einrichtung der Ertragsgemeinschaft. Die Fronden beruhten auf der Einrichtung der Arbeitsgemeinschaft". Mit Feldgemeinschaft bezeichnet man das System der Bodenverfassung der antiken Drei-Dynastien. Dieses System hatte sich seit der Neueinteilung des Reiches durch den Kaiser Yü (etwa 2283 v. Chr., vgl. Schu-king Kap. Yü-kung „Tribut des Yü") bis etwa zur Gründung des Einheitsstaates durch Schi-Huang-ti (246—210 v. Chr.) bewährt. Weitere Literatur bei Franke, Grundeigentum in China, S. 7ff. und Chen Huan-chang, Economic Principles Bd. II, S. 497 bis 533.

B. Bankgeschäft als kaufmännische Nebentätigkeit (seit etwa 200 v. Chr. bis etwa 900 n. Chr.).
C. Gildenbankiers als selbständige Gewerbetreibende (seit dem neunten Jahrhundert).
D. Die Banken im Sinne der modernen Kredit- und Handelsbanken (seit 1900).

A. Die öffentlichen Kreditfürsorgeanstalten.

Zur Zeit der Feldgemeinschaft gehörte auch die Kreditfürsorge zu den Aufgaben der staatlichen Verwaltung. Die Organisation solcher Anstalten lernen wir aus dem von der Tradition dem Herzog von Tschou (gest. 1105 v. Chr.) zugeschriebenen Tschou-li kennen, das eine ausführliche Darstellung des ganzen Staatsorganismus und der Beamten-Hierarchie der Tschou-Dynastie (1122—249) gibt. Die Kreditanstalt dieser Dynastie hatte den Namen Ts'üan-fu 泉府.[1]) „Ts'üan" heißt Geld, „fu" Behörde. Es war eine Unterbehörde des Ti-kuan, d. h. des Finanzministeriums.[2]) Ihre Hauptaufgabe bestand in der Regelung des Marktpreises der wichtigsten Bedarfsartikel und in der Kreditgewährung an bedürftige Bürger. Hier zeigt sich, wie aus der folgenden Darstellung noch deutlicher hervorgehen wird, die sozialpolitische Tendenz dieser ganzen Einrichtung. Am besten läßt sich diese daher als öffentliche Kreditfürsorgeanstalt bezeichnen; die von Chen Huan-chang gebrauchte Bezeichnung „The Government Bank"[3]) ist nur annähernd richtig und kann bei dem Leser eine falsche Vorstellung erwecken. Das Ti-kuan hatte neben der Verwaltung der Reichsfinanzen noch die beiden genannten Aufgaben zu erfüllen. Der Marktpreis wurde in folgender Weise geregelt: Wenn der Warenpreis infolge eines Überangebots auf dem Markt herabgesetzt wurde, dann kaufte das Amt die betreffenden Waren auf dem Markte auf; indem dadurch mehr Geld[4]) in Umlauf gesetzt wurde, sank die Kaufkraft des Geldes und die Warenpreise stiegen. Und wenn andererseits die Nachfrage nach bestimmten Waren größer war als das Angebot, dann verkaufte das Amt seine Lager und zog das Geld aus dem Verkehr, um dadurch die Warenpreise wieder auf das normale Niveau zu bringen.[5])

---

[1]) Vgl. Tschou-li Buch XIV (Bd. I S. 326 ff. Biot).

[2]) Vgl. Tschou-li Buch VIII (Bd. I S. 171 Biot).

[3]) Vgl. Chen, Economic Principles S. 434/5, 554, 587/8.

[4]) Das Wort Geld hat verschiedene Bedeutungen; nach dem Schuo-wên kie tse („Erklärungen zum Schuo-wên", dem ältesten, um 100 n. Chr. verfaßten chinesischen Wörterbuch) ist 錢 ts'ien identisch mit 銚 yao „Schaufel"; danach fungierte dieses schaufelartige Ackergerät als Geld. Nach dem Schuo-wên t'ung kien hängt 錢 ts'ien mit 貝 pei „Kauri-Muschel" zusammen. 錢 ts'ien wird auch durch 泉 ts'üan „fließen, Quelle" erklärt. Hier wird also das Geld von der Seite seiner Umlaufsfähigkeit her definiert.

[5]) Die antiken Geld- und Preistheorien faßte Kuan Tschung (gest. 645 v. Chr.) in den Kapiteln 72 und 73 seines Werkes kurz zusammen, und diese haben einen großen Ein-

In der Kreditgewährung sind zwei Arten von Krediten zu unterscheiden: Konsum- und Produktionskredite.[1]) Hier handelt es sich um unverzinsliche und verzinsliche Darlehen in Geld oder Sachen. Unverzinsliche Darlehen wurden den Bürgern bei besonderen Gelegenheiten gewährt, die großen Geldaufwand erforderten und keine Zeit zur Arbeit ließen, wie bei Ahnenopfern und Begräbnissen, in denen ja die chinesische Sitte die Verwirklichung der höchsten Tugenden sieht. Der Rückzahlungstermin war festgesetzt; er betrug bei Ahnenopfern nicht über zehn Tage und bei Begräbnissen nicht über drei Monate. Produktionskredite wurden den Bürgern zur Anschaffung von Acker- und Handwerksgeräten gewährt. Während der Staat keine Zinsen für die wichtigsten Konsumkredite verlangte, mußte der Produktionskredit, der in der Regel langfristiger war als der Konsumkredit, verzinst werden. Man wollte dadurch einerseits verhindern, daß der Kreditnehmer aus öffentlichen Mitteln private Gewinne zöge, und andererseits den Staat für das Risiko der Kreditgewährung entschädigen. Die Raten der Verzinsung sind nicht bekannt, sollen aber nach Ansicht der meisten Forscher sehr niedrig gewesen sein, da der Staat damit nicht etwa einen Gewinn erzielen, sondern lediglich das Wohl der Allgemeinheit fördern wollte. Wer die Zinsen nicht aufzubringen vermochte, konnte sie durch Dienstleistung für den Staat abtragen.

Dieses charakteristische Kreditsystem war auf dem Boden der damaligen Wirtschaftsverfassung, der sogenannten Feldgemeinschaft, erwachsen und mußte mit ihrem um die Mitte des vierten Jahrhunderts v. Chr. einsetzenden Verfall seine Bedeutung verlieren. Damit, daß Wei Yang (gest. 338 v. Chr.) das tatsächlich schon längst durchbrochene System der Feldgemeinschaft endgültig ab-

---

fluß auf die spätere Währungspolitik ausgeübt. In dem Gelde sah er keinen objektiven Wert, denn mit dem Edelmetall kann man sich weder ernähren noch kleiden. Die früheren Kaiser, so führt er aus, prägten Geld in verschiedenen Metallen aus, lediglich um die Getreidepreise zu regulieren. Das Getreide ist es, welches das Dasein des Menschen sichert und deshalb einen wirklichen Wert hat. Die Preise aller Waren richten sich nach dem des Getreides und zwar so: die Warenpreise sinken beim Steigen des Getreidepreises und umgekehrt. Das Getreide selbst eignet sich aber nicht als Geld, überhaupt nicht als Wertmesser. Der Wert des Getreides ist nicht beständig, er ist hoch bei einer schlechten und niedrig bei einer guten Ernte. Im guten Jahre, wo das Getreide billig ist, muß der Bauer seinen Kornüberschuß zu seinem Schaden absetzen. Aber wenn ein schlechtes Jahr kommt, und der Bauer für seinen eigenen Bedarf Getreide kaufen muß, dann kann er mit dem Erlös aus seinem Korn im guten Jahr den inzwischen gestiegenen Getreidepreis nicht mehr bezahlen. Dadurch entsteht ein großes Elend. Dem kann aber durch eine kluge Währungspolitik der Regierung vorgebeugt werden. Die Regierung muß verschiedene Münzen ausgeben. Beim Sinken des Getreidepreises muß sie schlechte (unterwertige) Münzen ausgeben, um ein Steigen des Getreidepreises (eine künstliche Inflation) hervorzurufen. Im umgekehrten Falle zieht sie die schlechten Münzen aus dem Verkehr und gibt dafür gute aus, damit der Getreidepreis gedrückt und den Bauern das Einkaufen von Getreide ermöglicht wird. Dieser Gedankengang kehrt bei den späteren Finanzpolitikern immer wieder.

[1]) Vgl. Tschou-li, Buch XIV (Bd. I S. 326 ff. Biot).

schaffte und an seine Stelle den privaten Grundbesitz einführte, begann ein neuer Abschnitt in der chinesischen Wirtschaftsgeschichte.

Das Kreditsystem des Herzogs von Tschou fand in der späteren Geschichte einige Nachahmungen. So errichtete der Usurpator Wang Mang (9 n. Chr. — 23 n. Chr.) im Jahre 10 n. Chr. ein im wesentlichen dem Ts'üan-fu nachgebildetes Amt, das neben der Regelung der Staatsfinanzen auch den Privaten Kredite beschaffte. Später schuf der bekannte Staatssozialist der Sung-Zeit Wang An-schi (1021—1086) zur Durchführung seines Zwangskredit- und Pfandsystems zwei Kreditanstalten, die mit staatlichen Mitteln Darlehensgeschäfte trieben. Diese von Wang Mang und Wang An-schi nach alten Vorbildern geschaffenen Einrichtungen waren aber den inzwischen veränderten wirtschaftlichen Verhältnissen nicht mehr angemessen und brachen infolgedessen bald zusammen. So kommt ihnen keine volkswirtschaftliche, sondern nur eine historische Bedeutung zu.

Daß das öffentliche Kreditsystem der Tschou sich in der späteren Zeit nicht mehr anwenden ließ, ist eine historisch beglaubigte Tatsache. Die Ansichten der chinesischen Gelehrten über die Gründe, weshalb dieses System späterhin versagte, gehen weit auseinander und treffen nicht den Kern der Sache. Einige Kritiker bezweifelten sogar die Echtheit des Ts'üan-fu Kapitels im Tschou-li und vertraten die Ansicht, es sei von Liu Hsin (um Christi Geburt) gefälscht worden. Ma Tuan-lin (im 13. Jahrhundert n. Chr.) hat mit Recht diese radikale Kritik zurückgewiesen. „Das Zeitalter der drei Dynastien", so sagt er [1]) „war eine ganz anders geartete Zeit als die spätere. Das Reich bestand damals aus lauter kleinen Lehnsfürsten, die sich selbst verwalteten. Das kaiserliche Gebiet umfaßte nur 1 000 Li im Geviert und das der Fürsten 50 bis 100 Li im Geviert. Die staatlichen Verhältnisse waren leicht zu übersehen. Die Bevölkerung bestand meistens aus Ackerbauern, welche die ihnen vom Staate überwiesenen Ländereien bestellten und an den Staat eine Abgabe von 10 v. H. bezahlten; im Bedarfsfall bekamen sie vom Staate jegliche Unterstützung. Bei dieser engen moralischen und wirtschaftlichen Verbundenheit von Herrscher und Untertan war jeder Mißbrauch ausgeschlossen. Nachdem Schi Huang-ti (im Jahre 221 v. Chr.) das ganze Reich mit Waffengewalt vereinigt und an Stelle der alten selbständigen Lehensfürstentümer den zentralisierten Einheitsstaat gesetzt hatte, konnte auch das alte Kreditsystem, das auf bloßem Vertrauen beruhte, nicht mehr aufrecht erhalten werden."

B. Der Anfang der gewerbsmäßigen Banktätigkeit.

Wenn auch das Tschou-li bereits das Geldwesen und den Kaufmannstand kannte und einen Unterschied zwischen seßhaften

[1]) 欽定周官義疏 K'in ting Tschou-Kuan i schu Kap. 14 fol. 20 v⁰ (die Stelle ist nicht wörtlich übersetzt, sondern dem Sinne nach wiedergegeben).

und wandernden Kaufleuten machte, so war damals doch die Naturalwirtschaft vorherrschend. Der Umlauf des Geldes war sehr gering. Was die Kaufleute betrifft, so waren das kleine Detaillisten oder reisende Markthändler, die keinen bestimmten Sitz und keine dauernde Erwerbsabsicht hatten. Die Anfänge von Handel und Gewerbe in China gehen auf den Zeitraum der kämpfenden Staaten (475—221 v. Chr.) bis zur Gründung der Han-Dynastie (206 v. Chr.) zurück. Ihre Entstehung wurde dadurch ermöglicht, daß sich infolge der Abschaffung des kollektivistischen, an den Staat gebundenen Wirtschaftssystems der Feldgemeinschaft eine Verkehrsfreiheit entwickelte und aus der früheren Natural-und Hauswirtschaft sich allmählich eine auf Warenproduktion beruhende Tauschwirtschaft herausbildete. Bald darauf wurde das Geld, das bisher weniger als Wertmesser, sondern vielmehr als Regulierungsmittel der Warenpreise vom Staate ausgegeben worden war, zum allgemeinen Verkehrsmittel im Warenumtausch. Damit wurde das Geld ein selbständiges wirtschaftliches Objekt. Es gab nach dem Berichte Sse-ma Ts'ien's (Kap. 129) schon vor der Zeit der kämpfenden Staaten Leute, welche durch günstige Einkäufe und Weiterveräußerung der Waren von Markt zu Markt in den verschiedenen Landschaften große Vermögen aufgehäuft hatten, wiederum andere, welche durch Bergbau oder Salzproduktion oder Landwirtschaft und Viehzucht zu großem Wohlstande gekommen waren. Damit wurde der soziale Besitzunterschied immer größer, und der ganze Geldmarkt wurde von einigen Geldmagnaten beherrscht. Diese waren auch in den Zeiten politischer Wirren die Geldlieferanten der Fürsten, die ihnen dafür verschiedene Begünstigungen und Monopole erteilten.

Nach der Gründung der Han-Dynastie errichteten die Kaufleute in den verschiedenen Städten für ihren Warenhandel eigene Faktoreien, welche nebenbei Behörden und Privaten Kredite gewährten. Allerdings waren diese Geschäfte sehr wucherischer Art, und die Kaufleute wußten die Gelegenheit auszunutzen, um andere unter ihre Abhängigkeit zu bringen. Sse-ma Ts'ien berichtet aus der Zeit des Kaisers Wu (140—87 v. Chr.), das Volk habe unter Krieg und Hungersnot gelitten und die staatlichen Kassenbestände hätten nicht ausgereicht, um diesem Elend zu steuern. Dagegen erfreuten sich die Großkaufleute eines großen Wohlstandes und kümmerten sich nicht um das Elend ihrer Mitmenschen. Sie gewährten Darlehen gegen hohe Verzinsung und beuteten so die Schwachen aus. Sie unterhielten in verschiedenen Orten Warenlager mit eigenen Fuhrwerken, deren Zahl sich bei einzelnen auf mehrere hundert belief. Einige erhielten vom Staate das Recht, Münzen auszuprägen und Salz aus Meerwasser zu sieden. Ihr Vermögen wurde auf Hunderttausende von Goldmünzen geschätzt. Auch der Staat sah sich oft gezwungen, bei ihnen Anleihen aufzunehmen, um die Kriege mit den Hunnen zu finanzieren und andere außerordentliche Ausgaben zu decken.[1]) Von dieser Zeit an wurde die Möglichkeit von Krediten erweitert. Die Kreditgewährung selbst wurde zum Gegenstand des Erwerbs, und es begann die Organisation der verschiedenen Kreditgeschäfte. Als Vorläufer der späteren Bankiers sind bereits die Geldverleiher, Geldwechsler u. s. w. zu nennen. Sie betrieben ihre Geschäfte nur als Nebenerwerb; die Banktätigkeit hat sich erst nach mehreren Jahrhunderten entwickeln können.

C. Die Gildenbankiers.

1. Allgemeines.

Über die Entstehung der chinesischen Gildenbankiers geben uns die chinesischen Geschichtsquellen keine genauen Nachrichten. Es ist aber anzunehmen, daß in China das Gildenwesen überhaupt mit der Entwicklung der Verkehrswirtschaft enstanden ist, da das Aufkommen von Handel und Gewerbe in diesem Lande die Ausbildung des Gildenwesens voraussetzt.[2]) Wie sich im Laufe der wirtschaftlichen Entwicklung eine Berufsteilung vollzog, so lösten sich auch die Bankiers von der allgemeinen Kaufmannschaft los, um eine selbständige Gilde zu bilden.

Die Gildenbankiers lassen sich in zwei Gruppen einteilen, in städtische und Schansi-Gildenbankiers.[3]) Sie unterscheiden sich

[1]) Vgl. Sse-ma Ts'ien Kap. 30 und 129. Kapitel 30 ist übersetzt von Chavannes, Les Mémoires historiques de Se-ma Ts'ien Bd. III S. 538 ff. Im 129. Kapitel hat Sse-ma Ts'ien das Aufkommen des Handelsstandes ausführlich dargelegt. Nach seiner Ansicht ist die Entstehung großer Vermögen eine Folge persönlicher Tüchtigkeit; daneben betont er aber, daß das Aufblühen des Handels die wirtschafliche Freiheit voraussetze. Im Gegensatz zu den späteren Konfuzianern verachtete Sse-ma den Handelsstand nicht und betrachtete auch die verzinslichen Darlehensgeschäfte nicht als verwerflich. Tung Tschung-schu (2. Jahrhundert v. Chr.) hat die soziale Lage nach der Abschaffung der Feldgemeinschaft in einem Thronbericht, worin er dem Kaiser Wu den Vorschlag einer Bodenreform machte, folgendermaßen geschildert: Seit der Abschaffung der Feldgemeinschaft durch Wei Yang ist das Eigentum an Grund und Boden übertragbar. Dadurch ging die Gleichheit aller Bürger verloren, und es entstand seitdem ein wirtschaftliches Abhängigkeitsverhältnis zwischen den bürgerlichen Klassen. Die Reichen eigneten sich große Ländereien an, die sie durch Lohnarbeiter bestellen lassen oder in Pacht geben, und haben so, ohne sich selbst an der Arbeit zu beteiligen, die Nutznießung aus dem größten Teil des Bodenertrages. Der Arme verliert schließlich seine Existenzmöglichkeit und kommt in die Abhängigkeit und Sklaverei der reichen Bodeneigentümer. Tung Tschung-schu bezeichnet es als die Aufgabe des Staates, dieser sozialen Ungerechtigkeit zu steuern und eine Maximalgrenze für Bodenerwerb gesetzlich festzulegen. Vgl. Annalen der früheren Han-Dynastie Kap. 24 A fol. 6b—7a.

[2]) Hier spielt das Körperschaftswesen eine ähnliche Rolle wie in dem europäischen Mittelalter die Zünfte. In China hat zwar ein strenger Zunftzwang nie bestanden, aber auch hier kommt doch der einzelne Handel- und Gewerbetreibende erst als Mitglied einer Gilde zur Geltung.

[3]) Die Bezeichnung „Schansi-Bankiers", die mit Vorliebe in europäischen Werken gebraucht wird, erklärt sich daraus, daß die Hauptgilde ihren Sitz in T'ai-yuan Fu, der Hauptstadt der Provinz Schan-si, hat. Die allgemeine chinesische Bezeichnung dafür ist Wechselbankiers (滙劃莊). Die Bankiers treiben von jeher das Wechsel- und Überweisungsgeschäft. Dieses geschieht in der Regel durch Verkauf von Wechseln und Ausstellung von Kreditbriefen.

erstens in der Organisation und zweitens in der Art ihrer Geschäftsführung. Beide Gilden sind aber nicht als grundsätzlich verschiedene Einrichtungen anzusehen, sie beruhen vielmehr auf denselben wirtschaftlichen und gesellschaftlichen Grundlagen. Ihr gemeinsamer Zweck ist der Schutz gegen freie Konkurrenz und willkürliche, den gesunden Gang der Wirtschaft störende Gesetzgebung,[1]) sowie die durch strenge Statuten gewährleistete Einhaltung einer ordentlichen, sorgfältigen Geschäftsführung durch ihre Mitglieder. Sie tragen beide sehr strengen Zunftcharakter, verfügen über ein sehr beträchtliches Vermögen und fungieren wie Zentralbanken. Sie prüfen und stempeln die Silberbarren und besorgen den Giro- und Kompensationsverkehr. Verschieden ist nur die räumliche Zuständigkeit. Die städtische Gilde ist eine lokale, autonome Berufsorganisation, deren Wirkungskreis auf die betreffende Stadt beschränkt ist. Unter den städtischen Gilden bestehen keine gegenseitigen Wechelbeziehungen. Auch ihre Statuten zeigen oft große Abweichungen. Bei der Schansi-Gilde besteht ein einheitliches zentralisiertes System, das neben der Hauptgilde eine Reihe von Nebengilden kennt. Die Hauptgilde hat ihren Sitz in der Hauptstadt der Provinz Schansi. In ihrer Hand liegt die Leitung sämtlicher Nebengilden im ganzen Reiche. Dadurch haben die Schansi-Bankiers die Möglichkeit, den Zahlungsverkehr durch ganz China zu vermitteln.

Ein weiterer Unterschied zwischen den beiden Bankiergruppen besteht in wirtschaftlicher Hinsicht. Die Schansi-Bankiers treiben größtenteils indifferente Bankgeschäfte und arbeiten vorwiegend mit eigenen Mitteln, während die städtischen Bankiers sich mit Kreditgeschäften abgeben und auf fremde Gelder angewiesen sind. Sie stehen aber dadurch in Wechselbeziehung, daß die städtichen Bankiers kurzfristige Kredite von den Schansi-Bankiers in Anspruch nehmen und ihnen die Aufträge auf Überweisungen usw. weitergeben. Über die Entstehung der Schansi-Bankiers herrscht unter den europäischen Gelehrten keine Einigkeit. So behaupten Wagel und Edkins, diese Schansi-Bankiers hätten bereits mit den alten Römern in Handelsbeziehungen gestanden,[2]) während Hall ihnen kein höheres Alter als drei Jahrhunderte zuschreiben will.[3]) Tatsächlich ist die Entstehungszeit dieser Gildenbankiers nicht mehr festzustellen, weil die Geschichte uns darüber nichts berichtet. Ma Tuan-lin erwähnt einmal[4]), die Gilde der sogenannten 16ner Bankiers in der Provinz Ssetsch'uan habe im 10. Jahrhundert Banknoten ausgegeben, und diese seien später infolge der Zahlungs-

---

[1]) Als am bedeutsamsten ist der Kampf gegen die Inflation zu erwähnen, bei welchem die Schaffung einer Bancowährung und einer darauf beruhenden Art von Notengeschäft die Waffen der Bankiers bildete.

[2]) Vgl. Wagel: Chinese Currency and Banking, S. 153 f. Edkins: Banking and Prices in China S. 24.

[3]) Vgl. Hall: Chinese National Banks S. 15.

[4]) Wên hien t'ung k'ao, Kap. 9 fol. 6v⁰ (s. unten S. 24). Auf diese „Gilde" hat bereits M. Weber (Religionssoziologie Bd. I S. 283 Anm. 3) aufmerksam gemacht; statt 1. Jahrh. muß es aber dort 10. Jahrh. heißen.

unfähigkeit der Gilde uneinlöslich geworden. Jedenfalls sind die Gilden aus wirtschaftlichen Bedürfnissen heraus entstanden. Die Schansi-Bankiergilde war früher nichts anderes als eine städtische Gilde. Aber die wirtschaftliche Enge der Stadt vermochte dem Ausdehnungsbedürfnis der Schansi-Bankiers nicht zu genügen. So wanderte ein Teil von ihnen nach anderen Provinzen aus. Da die Auswanderer nicht ohne weiteres in eine andere Gilde aufgenommen werden konnten, so behielten sie die Mitgliedschaft der Heimatgilde bei. Mit der Zunahme der Auswandernden bildeten sich in den neuen Niederlassungen zahlreiche Zweiggilden.

2. Die Geschäfte der Gildenbankiers.

Den Bankiers gelang es durch ihre Gildenorganisation, den Rahmen der handelsfeindlichen Politik zu sprengen und ein selbständiges Bankgeschäft zu entwickeln. Aber eine noch größere und volkswirtschaftlich besonders wichtige Bedeutung erlangten sie durch ihren gemeinsamen Kampf gegen die Inflation, welche seit der Han-Zeit immer wieder in Erscheinung trat. Im privaten Verkehr bildete sich allmählich der Modus heraus, alle größeren Zahlungen in Silber zu leisten.[1]) Diesem Umstand verdankt die chinesische Bancowährung ihre Entstehung.[2]) Von der Bancowährung hat dann die Entwicklung der Bankiers, deren sämtliche Geschäfte darauf beruhen, ihren Ausgang genommen.

Bei der Darstellung des chinesischen Bankbetriebes muß man von einer juristischen Begriffsbestimmung der einzelnen Geschäfte und von einer genauen Gruppierung der Artenunterschiede absehen, da diese in China nicht vorhanden sind. Eine gesetzliche Regelung des Bankgewerbes fehlte hier wie bei allen übrigen Gewerben bis in die neueste Zeit.[3]) Das Wesen der chinesischen Banktätigkeit liegt, wie überall, in der Kreditvermittlung. Die Gewinne bestehen in Zinsdifferenzen, die bei Aufnahme und Gewährung von Krediten sich ergeben, außerdem in Provisionen, welche die Kundschaft als Entgelt für ihre Dienstleistung gewährt. Andere Gewinne aus Gründung und Beteiligung fallen bei ihnen fast völlig weg. Danach kann man die chinesische Banktätigkeit in aktive, passive und indifferente Geschäfte einteilen. Die übliche Form der Kreditgewährung ist der Personalkredit. Die Bankiers gewähren diesen Kredit fast nur ihren Kontokorrentkunden. Realkredite können gegen Bürgschaft oder gegen Verpfändung bestimmter Vermögenswerte oder Mobilien gewährt werden. Man unterscheidet hierin Edelmetall-Lombard und Warenverpfändung. Die letztere erfolgt nur in Natura, weshalb die Bankiers häufig über Warenlager verfügen.

---

[1]) Ku Yen-wu, Ji tschï lu 日知錄 Kap. VI f. 15.

[2]) Vgl. M. Weber: Religionssoziologie Bd. I S. 289.

[3]) In Betracht kamen höchstens einzelne Bestimmungen des Strafgesetzbuches der Mandschu-Dynastie, des Ta Ts'ing lü li (übersetzt von G. T. Staunton, London 1810).

Die Aufnahme von fremden Geldern wird in der Regel durch Ausgabe von Banknoten und Obligationen oder Entgegennahme von Depositen bewirkt. Die Depositen bestehen aus Kreditoren, schwebenden Kapitalien und auch Spareinlagen.

Zu den indifferenten Geschäften gehört das Aufbewahrungs- oder Depotgeschäft und vor alldem das Überweisungsgeschäft, das entweder durch Scheck oder Wechsel oder durch Ausstellung von Kreditbriefen erfolgen kann.

Die Höhe der Verzinsung und Provisionen ist bei den Bankiers verschieden. Die Gilde setzt den Satz für Zinsen und Provisionen fest. Die Bankiers machen aber einen Privatsatz, der viel rascher den wechselnden Geldkonjunkturen folgt.

Das Eigenkapital spielt für den Betriebsumfang keine große Rolle.[1]) Es gilt bei den Bankiers das alte Motto „der gute Ruf ist das beste Kapital".

Die Zahl und die Kapitalsumme der Bankiers ist nicht genau zu ermitteln. Erst seit 1908 hat die Regierung den Bankiers eine Registerpflicht bei dem Finanzministerium auferlegt.[2]) Bis 1918 zählte man 3657 Bankiers mit einem Gesamtbetrag von 110.591.704 Taëls in Eigenkapitalien.[3]) Die Verteilung der Geschäfte und Kapitalien ist örtlich sehr verschieden. In der Gegenwart läßt sich aber die Tendenz der Konzentration bei dem Bankiergewerbe in einzelnen Orten genau erkennen. So hat die Zahl der Bankiers in Schanghai, Tientsin, Hankow usw. jährlich abgenommen. Viele davon verschmelzen ihre Betriebe zu Gesellschaftsunternehmungen, um den Anforderungen der modernen Kapitalwirtschaft zu genügen. Statistische Angaben fehlen aber noch völlig.

D. Das moderne Bankwesen.

1. Die ersten Ansätze zur Entwicklung des modernen Bankwesens in China.

Die chinesischen Bankiers bilden einen wesentlichen Bestandteil der ganzen Wirtschaft. Ihre Verdienste bestehen nicht nur in der Kreditvermittlung und Erleichterung des Zahlungsverkehrs, sondern auch, wie wir gesehen haben, in der Aufrechterhaltung eines wertbeständigen Geldes durch die Schaffung der Bancowährung. Aber andererseits sind sie an die Reglementierung ihrer Gilden gebunden, welche ihnen eine Umstellung ihres Geschäfts nach den Erfordernissen der Zeit nicht gestatten. Aus diesem Grunde verloren die Bankiers in der letzten Zeit immer mehr an Bedeutung.

Mit der zunehmenden Erschließung des Landes in den letzten Jahrzehnten mußte sich das ganze Bankgewerbe den steigenden Bedürfnissen des Handels und der Industrie anpassen. Die wirt-

---

1) Vgl. Simon, Sur les institutions de crédit en Chine S. 53 ff.

2) Vgl. Registergesetz für alle Banken vom 16. des 6. Monats 1908.

3) Vgl. „Untersuchungen zum Entwurf des Wechsel- und Scheckrechts" (chinesisch) Schanghai 1922, S. 144.

schaftliche Entwicklung erforderte die Errichtung von Aktienbanken, welche bisher nicht bekannt waren.

Nach der schweren Erschütterung des chinesischen Staatswesens in den Boxerwirren (1900/1) erkannten die leitenden Regierungskreise die Notwendigkeit einer durchgreifenden Staatsreform. Auch auf wirtschaftlichem Gebiete suchte man den veränderten Verhältnissen Rechnung zu tragen. Diese Tendenz zeigte sich unter anderem in der Schaffung des Aktien- und Handelsrechts, in der Errichtung der Nationalbanken, in den vom Finanzministerium erlassenen Verordnungen über Banken und Banknoten, sowie in den verschiedenen Versuchen, die vorherrschende Bancowährung durch ein neues, einheitliches Währungssystem zu ersetzen. Damit nun, daß die Regierung ihre traditionelle fortschrittsfeindliche Wirtschaftspolitik aufgab und sich entschloß, die wirtschaftliche Entwicklung durch eine klare Gesetzgebung zu fördern, war die Grundlage für die Entstehung eines modernen Bankwesens gegeben.

2. Die Aktienbanken.

Die Aktienbanken sind sowohl in Bezug auf ihre Unternehmungsform wie die Art ihrer Geschäftsführung eine moderne Einrichtung und bilden ein untrügliches Zeichen für das Eindringen der modernen kapitalistischen Wirtschaft europäischer Art. Das neue Bankwesen hat sich aus der politisch und wirtschaftlich verworrenen Zeit um die Wende des 19. Jahrhunderts herausgebildet und zeigt in seiner Entwicklung einen sehr unruhigen Verlauf. Für die Entstehung der Aktienbanken ist ohne Zweifel das Beispiel ausländischer Banken in China entscheidend gewesen. Die erste 1897 in Schanghai gegründete Bank dieser Art „The Imperial Bank of China“ (seit der Revolution heißt sie: The Commercial Bank of China, Ltd.) mit einem Kapital von fünf Millionen Taels ist eine getreue Nachahmung der „Hongkong and Shanghai Banking Corporation“ in Schanghai; einzelne Geschäfte werden noch heute von ausländischen Angestellten ausgeführt. Ebenso wurden 1907 „The National Commercial Bank Ltd.“ mit $2^1/_2$ Millionen Taels Aktienkapital und 1908 „The Ningpo Commercial Bank Ltd.“ mit $1^1/_2$ Millionen Taels Kapital in Schanghai gegründet; nur haben diese beiden Banken keine ausländischen Sachverständigen angestellt. Ihnen folgte dann eine Reihe von Augenblicksgründungen, die infolge ihrer übertriebenen Spekulationsgeschäfte in der Krisis von 1910 wieder zusammenbrachen.

3. Die National- und Zentralbanken.

Im Jahre 1905 wurde in Peking die „Hupu-Bank“ mit vier Millionen Taels Aktienkapital errichtet. Hierbei handelte es sich, worauf schon der Name „Hu-pu“ d. h. Finanzministerium hinweist, um eine öffentlich rechtliche Bankanstalt. Das Finanzministerium besaß die Hälfte des Aktienkapitals und verwaltete die Bank. Nach den Statuten sollte das Privileg der Emission von Währungsnoten ihr allein vorbehalten sein, sobald einmal die Privatemission gemäß den geplanten Gesetzen völlig beseitigt wäre. Ferner war ihr die Verwaltung staatlicher und provinzialer Einnahmen und die Ausgabe von Reichsmünzen überwiesen. 1908 erfuhr sie eine Kapitalerhöhung von 10 Millionen Taels und erhielt die Bezeichnung „Ta Ts'ing-Bank". Im Jahre 1911 fand eine Reorganisation der Bank statt, wobei alle Rechte und Pflichten auf die „Bank von China" übergingen, und das Aktienkapital abermals um 60 Millionen Taels erhöht wurde.

In ähnlicher Weise wurde die „Verkehrsbank" 1907 in Peking gegründet. Das Aktienkapital betrug bei dieser 5 Millionen Taels, woran das Verkehrsministerium mit 40 v. H. beteiligt war. Im Jahre 1915 fand bei der Bank eine Statutenänderung und eine Kapitalerhöhung von 10 Millionen Taels statt. Die Denkschrift des Verkehrsministeriums an den Thron von 1907 betreffs der Errichtung der Bank besagt ausdrücklich, die Verkehrsbank habe wesentlich andere Funktionen als die Hupu-Bank, welche die Zentralbank Chinas darstellen solle. Auch die vom Verkehrsministerium vorgeschlagenen Statuten waren nicht nach dem Muster der bereits bestehenden Hupu-Bank entworfen, sondern schlossen sich dem Vorbild der in- und ausländischen Kredit- und Handelsbanken an. Ferner sollte die Bank, wie die Denkschrift ausführt, mit allen Privatbanken den Vorschriften der noch zu erlassenden Gesetze über Banknoten unterstehen.

In der Tat gibt es in China keine Zentralbank im eigentlichen Sinn. Die Privatbanken haben sich neuerdings zu einem Bankverein zusammengeschlossen und sind in keiner Weise von den öffentlichen Banken abhängig.

4. Der Bankkrach um 1910/11.

Das chinesische Aktienbankwesen von 1900 bis 1910 trug alle Unvollkommenheiten erster tastender Versuche an sich. Auch kannte man keine reinen Kreditbanken, welche neben den regulären Bankgeschäften Effektengeschäfte machten. Sie betrieben fast alle den Banken zufallenden Geschäftszweige und vereinigten so unbewußt einander entgegengesetzte Bankgeschäfte, wie Noten- und Depositengeschäft auf der einen und Hypothekengeschäft auf der anderen Seite. Es gab darüber noch keine gesetzlichen Bestimmungen. So herrschte ein wirres Durcheinander unter den Aktiv- und Passivposten in der Bilanz; überall verschleierte Gegenüberstellung von Kreditoren und Debitoren. Das bisher noch unbekannte Effektengeschäft wurde ein Gegenstand verwegener Spekulationen. Zwar kannte man noch keine Effektenemission, aber Kommissionsgeschäfte und Eigenspekulationen in in- und ausländischen Wertpapieren wurden in sehr großem Umfange getrieben. Das Streben der Bankdirektoren nach reichen Tantiemen und hohen Dividenden führte zur Verkennung des Liquiditätsprinzips der Bankkapitalien und veranlaßte wilde Spekulationen und Gründungs- und Anlagegeschäfte. Durch die verfehlte Hausse-Spekulation in Gummi-Effekten von Übersee-Plantagen erlitt die chinesische Bankwelt 1910 eine gemeinsame Niederlage. Durch die im nächsten Jahre ausgebrochene Revolution verschärfte sich dann die Krise abermals. Die festen Anlagen der Banken gerieten in Gefahr, Depositen wurden abgehoben, Banknoten zum Einlösen präsentiert. In diesen beiden stürmischen Jahren haben viele Banken und auch Bankiers ihre Zahlungen einstellen müssen. Neugründungen erfolgten bis auf die erwähnten nicht. Seitdem hat sich ein allgemeines Mißtrauen gegen die chinesischen Banken entwickelt. Aufnahme von fremden Geldern begegnete großen Schwierigkeiten; die Noten der Banken wurden nur zögernd in Zahlung genommen. Selbst die unwahrscheinlichsten Gerüchte gaben zu Bankruns Anlaß. In dem ganzen Zeitraum von der Errichtung der Republik bis zum Ausbruch des europäischen Krieges haben sich die chinesischen Banken nicht weiter entwickelt.

5. Die Reformarbeit.

Hand in Hand mit der großen Zurückhaltung der Banken ging die Reformarbeit. In ihrem Verlauf gelangte man schließlich von dem Prinzip der Bankfreiheit zum zentralisierten Banksystem und zur Einführung einer Arbeitsteilung und Spezialisierung im Bankwesen. Diese Bewegung wurde durch das Zusammenarbeiten der Regierung und der Banken selbst stark gefördert. Wenn die Bankordnung von 1908 noch auf einem unklaren Begriff vom Wesen der Banken beruhte, so erwies sich bald, daß diese der Zeit nicht mehr angemessen war, und so ersetzte man sie durch eine Reihe neuer Gesetze. Durch diese wurden den Banken verschiedene, bisher von ihnen betriebene Geschäfte untersagt und diese ihrerseits den Spezialbanken zugewiesen. Laut Zentralbankverordnung von 1917/18 wurde das Notenprivileg ausschließlich der Zentralbank — der Bank von China — und anderen konzessionierten Notenbanken erteilt. Die noch im Umlauf befindlichen Privatbanknoten sollten gemäß den Vorschriften der Notenregulierung von 1915 (revidiert im Jahre 1918) ratenweise in fünf Jahren zurückgezogen werden. Innerhalb dieser Frist unterstanden alle Emissionsbanken ebenso wie andere konzessionierte Notenbanken der staatlichen Kontrolle.

Für die Sparbankordnung von 1908 wurde ein neues Gesetz entworfen. Dieser Entwurf sah eine Reihe sozialpolitischer Schutzmaßnahmen für die Spareinleger vor. Dahin gehörte besonders die Vorschrift, daß die Sparbanken als gemeinnützige Institute aus den Erwerbsunternehmungen ausscheiden sollten. Freilich konnte man dadurch nicht verhindern, daß die Spareinleger, um eine höhere Verzinsung zu erzielen, ihre Ersparnisse bei den Banken deponierten.

Soweit gingen die gesetzlichen Bestimmungen. Sie wurden durch die Statuten des Vereins der Banken ergänzt. Der Verein der Banken bildet ein Kollektivorgan der Banken zur Vertretung ihrer Interessen. Die Regierung gewährte in der Bankvereinsordnung von 1917/18 dem Verein der Banken volle Beschlussfreiheit in der näheren Ausführung privater Bankgeschäfte. Der Verein „Schanghaier Banken" stellte 1920 eine Geschäftsordnung für die Schanghaier Banken auf.[1]) Nach Artikel 4 dieser Geschäftsordnung sind die Banken zur Ausführung folgender Geschäfte berechtigt:

Depositengeschäft,
Darlehensgeschäft,
Kontokorrentgeschäft,
Diskontgeschäft,
Überweisungs- und Wechselgeschäft,
Edelmetallhandel,
Effektengeschäft,
Treuhandgeschäft und
Depotgeschäft.

6. Die Entstehung und Entwicklung der Handelsbanken.

Wenn auch während des Weltkrieges die politische Lage Chinas sich in keiner Weise gebessert hat, so trat doch eine wirtschaftliche Erholung ein. Die relative Verbesserung der Handels- und Zahlungsbilanz wirkte zu Gunsten der industriellen Entwicklung. Besonders augenfällig waren die Forschritte der Rohstoff- und Nahrungsmittelverarbeitungsindustrie für den Export. Die werdende, auf der Basis des modernen Kapitalismus beruhende Industrialisierung des Landes und die daraus entspringenden Kreditansprüche der Wirtschaft bedurften naturgemäß einer dementsprechenden Reorganisation der Kreditanstalten. Diese Bewegung fand zunächst rein äußerlich in den Kapitalerhöhungen der bereits bestehenden Aktienbanken und ferner in der Umbildung von Bankhäusern und Kleinbanken zu Aktienbanken ihren Ausdruck. Man führte nun die Prinzipien der Rentabilität der Großunternehmungen und der Risikoverteilung des Aktienwesens immer mehr durch. Noch wichtiger war aber die Änderung der inneren Organisation. Diese fand vor allem ihren Ausdruck in der Spezialisierung der Banken.

Noch waren im Jahre 1915 die siebzehn Banken sämtlich Noten- und Handelsbanken zugleich. Die innere Unverträglichkeit solcher Geschäfte wurde auch von den Banken selbst erkannt, und dank diesem Umstande konnten sich die Maßnahmen der Regierung immer mehr durchsetzen. Im Jahre 1922 fanden sich unter fünfzig Banken nur noch drei Privatnotenbanken.

Der Werdegang der Entwicklung von 1915—1922 läßt sich durch folgende Zahlen veranschaulichen:

---

[1]) The Bankers' Year-Book China 1921—1922, S. 8—13.

Jahr	Zahl der Banken	Kapital und Reserve-Fonds (in Millionen)
1915	17	107 Yuan + 17 Taels + $2^1/_4$ Pfund
1920	39	165 „ + $6^1/_2$ „ + $2^1/_4$ „
1922	50	221 „ + $6^1/_2$ „ + $2^1/_4$ „

Was die Zahl der Banken betrifft, so verzeichnen die Jahrbücher eine Abnahme der Notenbanken in dieser Periode von siebzehn auf fünf (einschließlich der Bank von China und der Verkehrsbank); dagegen eine Zunahme der Handelsbanken, welche nur reguläre Kreditgeschäfte treiben und den Typus der modernen Privatbanken aufweisen.

Bis gegen Ende 1919 sind viele Aktienbanken mit einen Kapital von unter einer Million Yuan gegründet worden. Seitdem nahmen die Kleingründungen ab zu Gunsten von Großbanken mit einem Kapital von über fünf Millionen. Auch außer den Spekulationsbanken haben sich die Kleinbanken vielfach auf dem Fusionswege verschmolzen. Diese Konzentrationsbewegung kommt auch in der Bildung von Banksyndikaten und Bankgruppen zum Ausdruck. Die Gründung des Pekinger Syndikats datiert vom Jahre 1917. Sein Hauptgeschäft ist die Emission von Staatsanleihen. 1922 wurde die sogenannte „Vierbankengruppe“ in Schanghai gegründet. Sie verfügt zusammen über einen Betrag von etwa $^1/_4$ der ganzen oben genannten Kapitalsumme. Die weitere Entwicklung der Kapitalkonzentration ist augenblicklich durch die inzwischen eingetretene Weltwirtschaftskrisis stark gehemmt. Gleichwohl läßt sich die Tendenz nicht verkennen, daß sich auch dort die Beherrschung des ganzen Kapitalmarktes auf wenige Bankunternehmungen konzentriert.

7. Die Organisation des Vereins der Banken.

Der Verein der Banken war zuerst ein Privatverein, dessen Aufgabe darin bestand, die Geselligkeit seiner Mitglieder zu pflegen. In den letzten Jahren hat er immer mehr an Bedeutung gewonnen. In der Bankvereinsordnung von 1917 wurde er als juristische Person anerkannt, als eine selbständige Unternehmung mit besonderen wirtschaftlichen Funktionen. Der Verein der Banken trägt noch mehr als die Bankiergilden einen streng genossenschaftlichen Charakter. Er ist juristisch betrachtet eine Genossenschaft m. b. H. und wirtschaftlich zugleich eine selbständige Erwerbsunternehmung. Sein Ausführungsorgan bildet das Direktorium, das einem Aufsichtsrat untersteht. Beschlußorgan ist die Generalversammlung. Sie findet zweimal im Jahre statt, kann aber bei besonderen Gelegenheiten von Aufsichtsrat und Direktorium einberufen werden. Jedes Mitglied hat 1000 Yuan Eintrittsgeld und einen bestimmten Jahresbeitrag zu zahlen. Die Beiträge sollen die Unkosten und die laufenden Ausgaben des Vereins decken. Außerdem verpflichtet sich jedes Mitglied, 10 v. H. seines alljährlichen Reingewinns dauernd und verzinslich bei der gemeinsamen Kasse des Vereins anzulegen.

Diese bilden das Genossenschaftskapital des Vereins, jedes Mitglied haftet aber nur für die eingezahlte Summe. Über dieses Kapital kann jedoch nur bei Ausführung der in den Statuten festgesetzten Geschäfte vom Direktorium verfügt werden. Eine sonstige Verwendung kann nur auf Mehrheitsbeschluß der Generalversammlung erfolgen.

In den Gebäuden der Vereine in den Großstädten befinden sich auch die Giro- und Abrechnungsstellen. Die daran teilnehmenden Banken müssen ein Guthaben bei der Vereinskasse besitzen, damit die Spitzenschulden sofort durch den Verein erledigt werden können. Dieses Verfahren stimmt grundsätzlich mit den ausländischen Einrichtungen überein und braucht hier nicht eingehend erörtert zu werden. Außer den genannten Aufgaben kommen für den Verein noch folgende in Betracht: Auskunfterteilung, Entgegennahme staatlicher oder kommunaler Aufträge und Förderung des Bankwesens durch gegenseitige Aushilfe und Einhaltung einer ordentlichen Geschäftsführung seitens der Mitglieder, vor allem aber die Aufrechterhaltung des Kreditwesens in Krisenzeiten.

Dem Verein der Banken gelang es im Jahre 1922, von der Regierung das Privileg der Notenausgabe zu erhalten. Auf dieser Grundlage versucht er nun gemeinsam mit der Regierung ein geordnetes Notenwesen zu schaffen.

Der Verein besitzt also alles in allem fast sämtliche Funktionen eines modernen Zentralbankinstituts. Diesen Charakter hat ihm auch der Gesetzentwurf betreffs Regelung der Notenemission des Vereins zugesprochen.

Zweites Kapitel.
Das Notengeschäft.

I. Geschichtlicher Teil[1]).

Das Notengeschäft beginnt mit dem sogenannten „fliegenden Geld“, welches von der Kaufmannschaft im 8. Jahrhundert eingeführt wurde und als Wechsel und später als Banknoten fungierte. Aus diesem fliegenden Gelde sind zwei Bankgeschäfte, das Wechsel- und das Notengeschäft, hervorgegangen. Für die Entwicklung des Notengeschäftes ist charakteristisch:

1. der starke Einfluß der Notenemission auf die jeweiligen Währungsverhältnisse und
2. der Kampf des Staates und der Privatwirtschaft um das Notenmonopol.

Diese zwei Umstände geben der ganzen Entwicklung des Notengeschäftes ihr Gepräge.

Mit der Einführung des Notengeschäftes wollte der Staat sich eine neue Reichtumsquelle erschließen und machte es infolgedessen zum Staatsmonopol. Die Privaten wollten durch die Notenemission den Zahlungsverkehr und vor allem die Übertragung der mobilen Geldkapitalien erleichtern. Diese beiden Momente bilden den Ausgangspunkt der ganzen Entwicklung. Der Fall allerdings, daß in einer gewissen Periode nur Staatsmonopol oder reine Notenfreiheit existierte, trat in Wirklichkeit niemals ein. Das zeitweilige Vorherrschen der einen oder der anderen Partei übte einen starken Einfluß auf die Währungsverhältnisse und auf den Zahlungsmodus aus. Daraus erklären sich auch die ganzen Währungsverhältnisse in China.

A. Die staatlichen Emissionen.

Bei den staatlichen Emissionen handelt es sich mehr um eine finanzpolitische als eine bankmäßige Transaktion. Alle Staatsnoten wurden schließlich zu Papiergeld. Unter diesem Gesichtspunkte finden wir Vorläufer der Staatsnoten bereits zu Anfang der Han-Dynastie.

1. Die Han-Emissionen.

Mit dem Verfall des Feudalwesens und der sogenannten Feldgemeinschaft erfuhr die ganze chinesische Volkswirtschaft wesentliche

[1]) Als Quellen zu diesem Teil wurden in erster Linie das Wên hien t'ung k'ao mit Fortsetzung sowie die finanzwirtschaftlichen Kapitel der dynastischen Geschichtswerke benutzt.

Änderungen.[1]) Vor allem begann das Geld eine immer bedeutendere Rolle zu spielen. Auch die Stellung des Staates zum Gelde war damit eine ganz andere geworden. Der Staat konnte nun nicht mehr mit seiner Münzhoheit den ganzen Markt regulieren oder ihn mit den nötigen Geldmengen versorgen. Jetzt war er vielmehr auf das Geld angewiesen, und das Hauptinteresse seiner Finanzpolitik richtete sich auf die Erschließung neuer Geldeinnahmen. Eine der wichtigsten finanzpolitischen Maßnahmen zur Geldvermehrung war die Ausgabe des Kreditgeldes.

a) Das Ledergeld des Kaisers Wu (140—86 v. Chr.).

Um die Mitte des 2. Jahrhunderts v. Chr. waren infolge mannigfacher innerer und äußerer Schwierigkeiten die Staatsausgaben immer mehr angewachsen und hatten schließlich eine gefährliche Finanzkrisis hervorgerufen. Die Regierung mußte große Mengen Kupfer und Gold nach der Grenze und den Überschwemmungsgebieten schicken, so daß die Zahlungsmittel sehr knapp wurden. Im Jahre 140 v. Chr. versuchte der Kaiser Wu, beraten von seinem Minister Tschang T'ang, diese Finanzkrisis durch eine Währungsreform zu beheben. Man wollte den Geldumlauf dadurch erhöhen, daß man die alten Münzen in weniger gehaltvolle umprägte und außerdem Kreditgeld ausgab. So berichtet Sse-ma Ts'ien (Kap. 30): „Man befahl den Provinzbeamten, die einen Liang[2]) schweren Münzen umzuschmelzen und daraus neue drei-Schu[3])-Münzen zu prägen, bei denen die Aufschrift und das Gewicht mit dem der alten übereinstimmen sollten." Außerdem richtete ein Beamter eine Denkschrift an den Thron, worin er dem Kaiser die Anregung zur Ausgabe von Ledergeld[4]) gab. Damals gab es in dem kaiserlichen Park eine Menge weißer Hirsche. Man schnitt ihre Felle in Stücke von einem Quadrat-Fuß, die mit Rändern in Form von Wasserpflanzen eingefaßt wurden; jeder von diesen Fellscheinen hatte einen Wert von 400.000 Geldstücken. Die Vasallenfürsten und übrigen Mitglieder der kaiserlichen Familie mußten bei feierlichen Audienzen im Frühling und Herbst ihre Jade-Insignien auf einem solchen Fellschein dem Kaiser überreichen. Außerdem stellte man eine Legierung von Silber und Zinn her, das sogenannte Weißmetall(geld); und zwar gab es von diesem drei Sorten. Die Geldstücke der ersten Sorte waren rund und hatten ein Gewicht von acht Liang. Sie

[1]) Von dieser Zeit an griff der Individualismus im chinesischen Wirtschaftsleben immer mehr um sich. An Stelle der alten Stände trat die Macht des Geld-Kapitals. Der Geschichtsschreiber Pan Ku im 1. Jahrhundert n. Chr., ein treuer Anhänger des wirtschaftlichen Universalismus, hat uns diese ganze Entwicklung geschildert. (Ts'ien Han schu, Kap. 91 Einleitung).

[2]) Gewichtseinheit.

[3]) Im Altertum wurde das Liang in vierundzwanzig Schu eingeteilt. Zu Beginn der Sung-Dynastie führte man aber das Dezimalsystem ein, so daß 1 Liang = 10 Ts'ien = 100 Li = 1000 Hao ist. Dieser chinesischen Einteilung entspricht die heutige, bei den Europäern gebräuchliche: 1 Tael = 10 mace = 100 candareen.

[4]) 皮幣. Vgl. Chavannes, Mem. Hist. III S. 564.

trugen das Bild eines Drachen und galten soviel wie 3000 Kupferstücke. Die Geldstücke der zweiten Sorte waren von viereckiger Form und sechs Liang schwer; sie trugen das Bild eines Pferdes und galten soviel wie 500 Kupferstücke. Die Geldstücke der dritten Sorte waren ellipsenförmig und wogen vier Liang; sie trugen das Bild einer Schildkröte und galten soviel wie 300 Kupferstücke.

Aber die neue Währung des Kaisers Wu ließ sich in der Praxis nicht durchführen. Bereits ein Jahr später war der Wert des Weißmetalls gesunken, und bei den Kupfermünzen entstand ein hohes Agio. Vergebens versuchte man durch schwere Strafen den Zwangskurs aufrecht zu erhalten und Münzfälschungen entgegen zu wirken. Das Weißmetallgeld wurde im Jahre 137 v. Chr. wieder abgeschafft. Über die Fellscheine erfahren wir aus den Geschichtsquellen nur wenig. Diese Scheine zirkulierten lediglich am Hofe in geringer Anzahl und besaßen einen Seltenheitswert, eigneten sich aber als allgemeines Umlaufsmittel nicht wegen ihres hohen Nennwertes, der zu den damaligen Warenpreisen in keinem Verhältnis stand; so kostete z. B. ein Scheffel Getreide um die Mitte des 1. Jahrhunderts n. Chr. fünf Kupferstücke. Selbstverständlich konnten diese Scheine noch weniger als das Weißmetallgeld ihre Stellung als Zirkulationsmittel behaupten. Seit der Abschaffung des Kreditgeldes war man zu einer reinen Kupferwährung gekommen. Zur Bekämpfung der Falschmünzerei traf man vielseitige Maßregeln. Die Münzen wurden vollwertig und einheitlich ausgeprägt. Provinziale Prägungen waren verboten. Die neue Einheit war das fünf-Schu-Stück. Außerdem versah man die Münzen mit einer Randprägung aus rotem Kupfer, was Fälschungen erschwerte und unrentabel machte. Diese Währung wurde dann von Wang Mang beseitigt.

b) Das Kreditgeld des Wang Mang (9 v. Chr.—22 n. Chr.).

Nachdem Wang Mang den Thron der Han usurpiert hatte (9 v. Chr.), suchte er alle bestehenden Staatseinrichtungen zu beseitigen und sie durch neue Institutionen, die sich an das Vorbild des hohen Altertums anlehnten, zu ersetzen. So erfuhr auch damals die Kupferwährung eine große Umwälzung, die hauptsächlich die Schaffung unterwertigen Kreditgeldes bezweckte. Wang Mang ließ zunächst Kupfermünzen, die ein Gewicht von 12 Schu, aber einen Nennwert von 50 Schu hatten, ausprägen. Außerdem ließ er zwei Sorten Messergeld aus demselben Metalle herstellen;[1]) die eine hatte einen Nennwert von 500 und die andere von 50 Schu. Diese drei neuen Geldsorten sollten neben den alten fünf-Schu-Stücken zirkulieren. Wang Mang schaffte aber bald darauf aus abergläubischen Gründen das Messergeld und die Fünf-Schu-Stücke wieder ab. Dann schuf er eine neue Währung mit einer Reihe

[1]) Messergeld wurde in Form eines Messers gegossen und erinnerte an die alte Zeit, wo Gebrauchsgegenstände wie Messer, Spaten, Schaufeln u. s. w. als Geld galten.

verschiedenartiger Münzsorten. Als Münzmetall wurden außer Kupfer auch Gold und Silber herangezogen. Daneben galten Schildkrötenplatten und Kaurimuscheln als Geld. Bei den Kupfermünzen hatte man zwei Arten zu unterscheiden: die Schu-Stücke und das Pu-Geld, das eine schaufelartige Form besaß. Als Währungseinheit diente das Ein-Schu-Stück. Alle anderen Geldsorten waren unterwertig und mit einem Zwangskurs in Ein-Schu versehen.

1) Kupferstück 1 Schu schwer, Kurrentgeld, Einheit.

„	3	„	„	galt	soviel	wie	10	Schu
„	5	„	„	„	„	„	20	„
„	7	„	„	„	„	„	30	„
„	9	„	„	„	„	„	40	„
„	12	„	„	„	„	„	50	„

2) Gold wurde nicht ausgeprägt, sondern nach dem Gewicht bewertet: ein Kin[1]) galt soviel wie 10000 Schu in Kupfer.

3) Ebenso wurde das Silber nicht ausgeprägt, ein Liu gutes Schrot galt soviel wie 1580 Schu; ein Liu schlechtes Schrot galt soviel wie 1000 Schu.

4) Schildkrötenplatten mit einer Länge vom Rücken bis zum Rand

	1,20	Fuß	galt	soviel	wie	210	Schu
	0,90	„	„	„	„	50	„
über	0,70	„	„	„	„	30	„
„	0,50	„	„	„	„	10	„

5) Kaurimuscheln, ein Paar mit einem Durchmesser von

	0,48	Fuß	galt	soviel	wie	216	Schu
	0,36	„	„	„	„	50	„
über	0,24	„	„	„	„	30	„
„	0,12	„	„	„	„	10	„
unter	0,12	„	„	„	„	3	„

6) Beim Pu-Geld gab es zehn Arten. Das kleinste Pu-Geld war 15 Schu schwer, 0,15 Fuß lang und galt soviel wie 100 Schu. Gewicht, Länge und Nennwert der folgenden Geldsorten nahm in arithmetischer Proportion zu; und zwar beim Gewicht um je einen Schu, bei der Länge um je 0,01 Fuß und beim Nennwerte um je 100 Schu. Das größte Pu-Geld war somit 24 Schu (gleich 1 Liang) schwer, 0,24 Fuß lang und galt soviel wie 1000 Schu.

Diese neue Währung rief aber bald eine große Verwirrung im Tauschverkehr hervor, so daß sie in der Praxis nicht vollkommen durchgeführt wurde. Der Zwangskurs verschiedener Kreditgeldsorten ließ sich nicht aufrecht erhalten, besonders bei den Schildkrötenplatten und Kaurimuscheln. Kurz vor seinem Tode ließ Wang Mang neue Pu-Sorten ausprägen. Der Plan schlug ebenfalls fehl. Der Kaiser Kuan-Wu (25—57 n. Chr.) führte die Kupferwährung in Fünf-Schu wieder ein und schaffte das Kreditgeld ab.

[1]) Gewichtseinheit 1 kin = 16 liang, heute nicht mehr für Edelmetalle gebräuchlich.

Ungefähr gleichzeitig mit Wang Mang gab Kung-sun Schu (gest. 36 n. Chr.), der Eroberer der heutigen Provinz Ssetsch'uan, dort Eisengeld aus, um die Geldknappheit zu beheben. Dieses Eisengeld war anfangs Kreditgeld und wurde dann allmählich zu Kurrentgeld; es hat sich dort bis in die Sung-Zeit erhalten.

Unter der Periode der sogenannten Drei-Staaten schuf Liu Pei (162—223) das 100-Schu, Sun K'üan das 500- und 1000-Schu-Kreditgeld. Ts'ao P'ei (188—227) beseitigte das Metallgeld und führte Getreide und Tücher als Tausehmittel ein. Bald danach kehrte man doch wieder zur Kupferwährung zurück. Als Einheit diente ebenfalls das Fünf-Schu-Stück. Große Verwirrung im Geldwesen herrschte in den nächsten Jahrhunderten. Jeder einzelne Herrscher suchte aus der Münzprägung einen hohen Profit zu erzielen. Außer Kupfer wurden auch Eisen, Zinn u.s.w. als Währungsmetall herangezogen. Durch die Münzenverschlechterung war der Falschmünzerei Tür und Tor geöffnet, und außerdem wurde das gute Geld durch das schlechte völlig aus dem Verkehr verdrängt. Zur Zeit der späteren Tschou-Dynastie (557—581) verwendeten einzelne Provinzen statt einheimischer Münzen ausländische Gold- und Silberstücke [1]) als Umlaufsmittel, um die wirtschaftliche Kalkulation auf eine wertbeständige Basis stellen zu können. Die Gründer der T'ang-Dynastie (618—907) bekämpften das Kipper- und Wippertum, indem sie die Fünf-Schu-Kupfer-währung wieder einführten und bei der Prägung sich an den von Kung Kei klassisch formulierten Grundsatz des Nichtsparens an Kupfer und Arbeitskosten hielten. Im Jahre 621 prägte man anstatt Fünf-Schu-Stücken neues Kupfergeld aus. Das Standardgeld wog je zehn Stück ein Liang und je 1000 Stück sechs Kin und vier Liang.

2. Das fliegende Geld der T'ang-Dynastie (618—907).

Auch die T'ang-Währung blieb auf die Dauer nicht stabil. Schon im Jahre 666 gab der Staat wieder Zehn-Cash-Kreditgeld [2]) aus, was wieder große Teuerung und Falschmünzerei zur Folge hatte. Um das Jahr 713 erfolgte eine Änderung der Münzeinheit, indem man die Zwei-Cash-Stücke einführte. Die umlaufenden Münzen wurden vom Staat zurückgezogen und zu neuen umgeschmolzen. Infolge der wachsenden Geldknappheit mußte aber der Staat im Jahre 758 Zehn-Cash- und Fünfzig-Cash-Kreditgeld ausprägen lassen. Teuerung und Falschmünzerei waren die Folge. Nach den Berichten wurden Tempelglocken und Buddhastatuen zu falschen Münzen umgeschmolzen; der Scheffel Reis kostete bis 7000 Cash. Im Jahre 760 wurde der Zwangskurs des Fünfzig-Cash-Kreditgeldes auf dreißig herabgesetzt, und die beiden Kreditgeldsorten wurden schließlich unter dem Kaiser T'ai Tsung (763—779) abgeschafft. Bald darauf stellte

[1]) Nach den Hou Han schu (Kap. 78) soll es in den sogenannten „Westgebieten" (Si-yü) bereits damals Gold- und Silbermünzen gegeben haben. Eine Goldmünze galt dort soviel wie zehn Silbermünzen.

[2]) Cash ist die europäische Bezeichnung für die kleinste Kupfermünze.

man aber fest, daß das vorhandene Geld als Umlaufmittel nicht mehr genügte. Im folgenden wird versucht, den Zustand der Geldknappheit und die damalige Auffassung kurz wiederzugeben:[1])

„Im Reiche sind 27.210.000 King[2]) Getreidefelder. Der jährliche Durchschnittsertrag eines King beträgt 50 Schï[3]) Getreide. Der ganze Ertrag des Jahres beläuft sich somit auf 1.360.800.000 Scheffel. Die Zahl der Bauern, die diese Felder bestellen, beträgt etwa 63 Millionen. Ein Bauer konsumiert jeden Tag durchschnittlich zwei Schêng[4]) Reis, so beträgt der Gesamtkonsum an Getreide 1.260.000 Scheffel pro Tag und 453.600.000 Scheffel pro Jahr. Dieser Betrag ist von dem obigen Gesamtertrag abzuziehen. Also bildet ein Drittel des Gesamtertrags den jährlichen Eigenkonsum der Bauern. Aus dem Erlös der weiteren zum Verkauf kommenden zwei Drittel bestreiten dann die Bauern ihre Ausgaben für Kleidung und ihre rituellen und gesellschaftlichen Angelegenheiten (d. h. beim Getreideverkauf sind die Bauern Produzenten und ziehen das Geld von dem konsumierenden Publikum ein; im zweiten Fall sind sie Konsumenten und geben das Geld wieder an das Publikum ab. Dies bildet das „Tableau économique" der alten Chinesen. Auf dieser Auffassung der Produktion und Verteilung beruhen alle sozial- und finanzpolitischen Maßnahmen. Dieselbe Auffassung wird auch in der Währungspolitik zu Grunde gelegt). In den Jahren 742—755 schätzte man den Betrag der umlaufenden Münzen auf über 9.000.000.000 Cash (damit ist die zwischen den Bauern und dem Publikum zirkulierende Summe gemeint). Somit kann man den Preis für jedes Schï Getreide mit 100 Cash berechnen. Die neun Milliarden bilden die notwendige Summe, womit die Bauern ihre materiellen und kulturellen Bedürfnisse befriedigen können. In den letzten zehn Jahren ging aber ein großer Teil der Münzen verloren oder wurde wegen des hohen Kupferpreises heimlich eingeschmolzen. Damit ist der Kreislauf des Geldes unterbrochen. Unter der Geldknappheit haben die Bauern, die für das Volk die Nahrung erzeugen, am meisten zu leiden"... Zur Beseitigung dieser Schwierigkeiten ließ die Regierung neue Münzanstalten errichten und vollwertige Münzen ausprägen. Ferner verbot sie die Herstellung von Kupfergegenständen und ließ vielfach Buddhastatuen und andere Gegenstände zu Münzen umschmelzen. Eine Zeitlang sperrte man sogar die Geldtransporte nach anderen Orten, um den lokalen Geldumlauf aufrecht zu erhalten. Auf der anderen Seite wollte der Staat den Zahlungsverkehr zwischen der Hauptstadt und den Provinzen nicht durch Verbote lahmlegen. So übernahm der Staat um das Jahr 800 den Überweisungsdienst für die Kaufleute. Anfangs kamen diese in die Hauptstadt und deponierten ihre Gelder bei ihren Geschäftsfreunden, die Guthaben in den Provinzen hatten. Dafür be-

[1]) Nach Wên hien t'ung k'ao Kap. 8 fol. 39 v⁰ ff.

[2]) 1 King = 100 Mou (Morgen).

[3]) 1 Schï = 120 Kin (Pfund).

[4]) 1 Schêng = 0,01 Schï.

kamen sie einen Depositenschein und konnten den Betrag an den vereinbarten Orten wieder abheben. Da diese Scheine wie Geld zirkulierten, bekamen sie die Bezeichnung „fliegendes Geld" oder auch „fliegender Fuchs".[1]) Die private Ausgabe wurde aber verboten. Im Jahre 809 wurde es den Kaufleuten gestattet, ihr Geld bei den drei Finanzbehörden zu hinterlegen, und sie erhielten dafür fliegendes Geld von der Regierung. Der Staat zog so das umlaufende Geld an sich und gab den Deponenten eine Zahlungsanweisung bei den provinzialen Finanzbehörden. Diese Finanzbehörden zogen ihre Forderungen an die Zentralregierung von den an diese zu leistenden Tributzahlungen ab. Solche Ausgabestellen des fliegenden Geldes gab es auch in anderen Handelszentren (z. B. in Weï Tschou).

Das fliegende Geld stellt nicht, wie vielfach angenommen wird, Banknoten dar, sondern hat vielmehr den Charakter eines Inhaberschecks. Für den Fiskus bestand der privatwirtschaftliche Vorteil der Ausgabe lediglich in den Gebühren, die er bei der Ausstellung erhob. Die Gebühr betrug 1 von Zehntausend (für 1.000.000 Cash 100 Cash). Später wurde sie wieder abgeschafft, nachdem der Staat die Ausgabe des fliegenden Geldes mit der Papiergeldemission kombiniert hatte. Damit fing die Entwertung des fliegenden Geldes an. Kurz vor dem Untergang der Dynastie galt ein Strang (nominell 1.000) gleich 850, in der Provinz Honan gleich 800. Inzwischen schritt die Geldknappheit immer weiter, so daß die Regierung im Jahre 817 den Versuch machte, die Höhe des Barbesitzes zu bestimmen, wobei für die verschiedenen sozialen Klassen abgestufte Maximalgrenzen festgesetzt wurden.

In der folgenden Periode der Fünf-Dynastien (907—959) herrschte im Geldwesen große Unordnung. Die vorhandenen Geldmengen wurden infolge fortschreitender Münzenverschlechterung ins Ausland ausgeführt. Im Inland mußte man wieder zum Kreditgeld seine Zuflucht nehmen; besonders Eisengeld war in großen Mengen im Umlauf.

3. Die Sung-Emissionen (960—1280).

Zur Zeit der Sung-Dynastie zirkulierte Kupfer- und Eisengeld nebeneinander. Bis zum Jahre 1006 prägte man Kupfercash in vier und Eisengeld in drei Münzanstalten aus. Aus einer Legierung von $3\,^{10}/_{16}$ Kin Kupfer, $1\,^{1}/_{5}$ Kin Zink und $^{1}/_{2}$ Kin Zinn wurden 1.000 Kupfercash hergestellt. Sie wogen fünf Kin. Der jährliche Ertrag der Prägung schwankte in den Jahren 995—1021 zwischen 800.000.000 und 1.830.000.000 Cash. Die jährliche Produktion des Eisengeldes betrug durchschnittlich 210.000.000 Eisencash. Je 1.000 Eisencash wogen 12 Kin. Das Eisengeld sollte dem Kupfergeld gleichwertig sein. Daneben gab es noch eine Art von Kleineisengeld. Zehn Stück davon waren gleich 1 Großeisengeld oder

[1]) 飛錢 bezw. 飛狐.

1 Kupfercash. Aber bald zeigte sich, daß die Münzmengen für den wirtschaftlichen Verkehr nicht genügten. Die Münzprägung mußte erweitert werden. Um 1080 waren im Reiche 26 Münzanstalten vorhanden; davon prägten 17 Anstalten 88.822.348.000 Eisengeld im Jahre aus. Das Eisengeld zirkulierte nun in den vier westlichen Provinzen, die etwa der heutigen Provinz Ssetsch'uan entsprechen, während Kupfer- und Eisengeld in den beiden Provinzen West-Shen und Hu-tung zirkulierte. In den übrigen 13 Provinzen wurde nur Kupfergeld als Umlaufmittel gebraucht. Trotz des vermehrten Geldumlaufs konnte der Staat seine wachsenden Ausgaben nur schwer bestreiten. Verschiedene Versuche, die man unternahm, konnten die Geldknappheit keineswegs beseitigen und riefen im Gegenteil nur Verwirrung und Inflation hervor. Somit kam die Regierung auf den Gedanken, diese Schwierigkeiten nach dem Muster der T'ang-Dynastie durch Ausgabe von Staatsnoten zu beheben. Die Noten sollten, wie wir sehen werden, zunächst nur als Zahlungsanweisung dienen. Sie wurden dann gedeckte Staatsnoten und schließlich durch den Wegfall der Deckung zum reinen Papiergeld.

a. Das Wechselgeld des Kaisers T'ai Tsu (960—975).

Der Kaiser T'ai Tsu führte zur Einschränkung des Bargeldverkehrs das fliegende Geld der T'ang-Dynastie wieder ein. Damit nicht alle Münzen aus der Hauptstadt in die Provinzen und umgekehrt gingen, wurden die Kaufleute, welche Zahlungen nach verschiedenen Orten zu leisten hatten oder sich zum Einkauf in die Provinzen begaben, aufgefordert, die Beträge in das sogenannte „bequeme Geld oder Wechselgeld“ umzuwechseln und dieses in Zahlung zu geben oder mit auf die Reise zu nehmen. Am Anfang gab es für die Ausstellung des Wechselgeldes kein besonderes Institut. Die Kaufleute mußten sich bei dem Finanzamt melden und dann das Geld nach dem kaiserlichen Schatzamt bringen. Außerdem wurde für die Ausstellung eine Gebühr von zwei v. H. erhoben. Im Jahre 970 errichtete der Kaiser ein selbständiges Institut für die Ausgabe dieses Wechselgeldes. Der Staat fing somit an, den Wechseldienst zu übernehmen. Ebenso wie das fliegende Geld der T'ang-Dynastie bildet das Wechselgeld der Sung keine Banknoten; wir müssen es vielmehr als eine Zahlungsanweisung in Form eines Inhaberschecks auffassen. Die prompte Einlösung dieser Schecks in den Provinzen war gesetzlich sichergestellt. Die Beamten wurden schwer bestraft, wenn sie den Scheck nicht auf Sicht oder mit Diskont einlösten. Mittels dieser Schecks wurden im Jahre 997 Zahlungen von mehr als 1.700.000.000 Cash und im Jahre 1021 solche von mehr als 2.830.000.000 Cash erledigt.

b. Die Ssetsch'uan-Noten.

Zum ersten Mal wurden Banknoten in Ssetsch'uan, der großen Provinz im Westen, herausgegeben. Hier hatte man das von dem Eroberer Kung-sun Schu ums Jahr 10 v. Chr. eingeführte

Eisengeld als Währungsgeld bis in den Anfang der Sung-Dynastie (960 n. Chr.) beibehalten. Als der Binnenhandel infolge der reichen Naturschätze sich immer mehr entwickelte, wurde das Eisengeld infolge seines Gewichts für den Zahlungsverkehr sehr unpraktisch. Um diesen Übelstand zu beseitigen, veranlaßte der Gouverneur von Ssetsch'uan, namens Tschang Yung, 16 reiche Handelshäuser, sich zu einer Gilde zu vereinigen und Umlaufnoten auszugeben. Diese Handelsgilde nahm Bargeld in runden Zahlen entgegen und stellte den Hinterlegern eine Art von Inhaberschuldscheinen aus, die mit einem festgesetzten Verfallstermin versehen waren. Die Ausstellung solcher Scheine geschah aber nicht auf Verlangen einzelner Hinterleger, sondern in Form einer Emission. Diese Noten hießen Kiao-tse.[1]) Die Noten verfielen nach Ablauf von drei Jahren und wurden gegen Noten einer neuen Ausgabe umgetauscht. Zuerst hatte man 22 Ausgaben für die ganze Emission festgesetzt; die Bareinlösung der Noten sollte erst nach 65 Jahren erfolgen. Später geriet aber die Gilde in Zahlungsunfähigkeit, woraus viele Rechtsstreitigkeiten entstanden. Daraufhin verbot der Staat die privaten Banknoten und errichtete in Ssetsch'uan ein Provinzialnotenamt, das die Emission übernehmen sollte. Diese im Jahre 1021 erlassene Regelung sah nach dem Muster der privaten Banknoten für die staatlichen 23 Ausgaben mit einer Umlaufszeit von je drei Jahren vor. Die Ausgaben sollten den Betrag von 1.256.340 Strang Eisengeld nicht überschreiten; jede Note lautete auf einen Strang (1.000 Cash). Der Inhaber konnte die Noten erst nach Ablauf von 69 Jahren, d. h. mit dem Verfall der letzten Ausgabe, in bar einlösen. Um die Rückzahlung zu sichern, hinterlegte der Emittent bei den ersten Ausgaben jedesmal 36.000 Strang bei dem Notenamt, bis die Noten voll gedeckt waren.

Aber diese Bestimmungen standen größtenteils nur auf dem Papier. Weder das feste Kontingent noch die Bareinlösung wurde eingehalten. Damit wurden die Noten zu reinem Papiergeld. Die Noten der 22. Ausgabe verfielen eigentlich im Jahre 1072, wurden aber nicht gegen neue eingezogen. Man erklärte sie für weiterhin gültig und ließ sie neben den neuen der 23. Ausgabe zirkulieren, um den Geldumlauf zu vermehren.

Bald darauf ordnete man eine neue Emission von 1.250.000 Strang in 25 Ausgaben an, um damit die Emission vom Jahre 1025 einzulösen. Diese Einlösung wurde aber in Wirklichkeit nicht durchgeführt. Von da an liefen in Ssetsch'uan Noten der beiden Emissionen mit einem Gesamtbetrag von 3.006.340 Strang um. Außerhalb der regulären Emission wurden noch Noten in beliebiger Zahl gedruckt. Man schätzte im Jahre 1024 den Notenumlauf auf 1.406.340 Strang. Diesen beiden Emissionen folgte im Jahre 1107 eine dritte von 25 Millionen Strang in 43 Ausgaben; das

---

[1]) Statt Kiao-tse 交子 sagte man auch Tschi-tsi 質劑. Die erstere Bezeichnung bedeutet „Umlaufmittel", die letztere „Geschäftsurkunde".

bedeutet eine Verzwanzigfachuug des Notenumlaufs gegenüber der vom Jahre 1021. Natürlich ist diese Vermehrung auf die fortschreitende Entwertung zurückzuführen. Mit den neuen Noten wurden aber die alten nicht zurückgezogen, was eigentlich beabsichtigt gewesen war. Seitdem zirkulierten dort die Noten der drei Emissionen nebeneinander. Der Verfallstermin wurde nicht beachtet und das Kontingent immer mehr erweitert. Im Jahre 1137 schätzte man das umlaufende Papiergeld auf rund 38 Millionen Strang, im Jahre 1161 auf über 41 Millionen, im Jahre 1178 auf 45 Millionen und im Jahre 1204 auf rund 80 Millionen Strang.

Was die Bardeckung der Noten betrifft, so wurde die Barhinterlegung bei den ersten Ausgaben der beiden letzten Emissionen nicht mehr durchgeführt. Außerdem verwendete man im Jahre 1107 die Deckung der ersten Emission zu anderen Zwecken. Wie die Quellen berichten, waren im Jahre 1161 die Noten nur durch 700.000 Strang gedeckt.

Diese Notenwirtschaft hatte eine große Entwertung zur Folge. So wurden die Noten im Jahre 1208 auf ein Sechzigstel bis Neunzigstel ihres Nennwertes bewertet. Dieser Umstand rief vor allem die Erscheinung hervor, daß man im privaten Verkehr sich als Zahlungsmittel anderer wertbeständiger Gegenstände, wie Silber, bediente; in der weiteren Entwicklung verdrängte das Silber alles staatliche Geld. Inzwischen war aber Tschen Hien in den Finanzdienst der Provinz Ssetsch'uan eingetreten. Die wichtigste Aufgabe sah er in der Stabilisierung der Noten und löste deshalb am Anfang des 13. Jahrhunderts mit dem greifbaren Gold- und Silbervorrat der Provinz Noten im Betrage von 13 Millionen Strang ein. Dadurch stiegen die Noten auf 50% ihres Nennwertes. Bis zum Jahre 1210 zog er mit den Überschüssen der Steuereinnahmen weitere 29 Millionen Strang ein. Von den 80 Millionen Strang war nun die Hälfte aus dem Verkehr geschafft. Tschen's Plan ging aber dahin, die alten Noten völlig zu beseitigen. So gab er nach dem Vorbild der Emission von 1021 gedeckte Noten aus, um damit die umlaufenden alten Noten einzulösen. Auf diese Weise gelang es ihm, die Ssetsch'uan-Noten wieder auf Pari zu bringen.

Wenn somit die Ssetsch'uan-Noten noch vor einem Assignatenbankerott gerettet werden konnten, so beruht dies darauf, daß die Regelung des Notenwesens nicht völlig in den Händen der Zentralregierung lag. Aber nicht lange nach der Stabilisierung übernahm diese die volle Verwaltung des Notenamtes der Provinz Ssetsch'uan. Im Jahre 1218 ordnete sie die Ausgabe neuer Noten im Betrage von 5 Millionen und im Jahre 1238 von 7 Millionen Strang an. Außerdem wurde im Jahre 1249 der Verfallstermin jeder Ausgabe von drei auf zehn verlängert. Damit ging das Werk Tschen's zugrunde. Unmittelbar vor dem Untergang der Dynastie gab die Zentralregierung die Verwaltung des Notenwesens der Provinzialregierung wieder zurück (1269). Diese Maßnahme konnte aber den Verfall der Noten nicht mehr aufhalten.

c. Andere Noten der nördlichen Sung-Dynastie (960—1127).

Die Noten der Sung-Dynastie waren alle lokale Umlaufsmittel nach dem Vorbild der Ssetsch'uan-Emission. So errichtete man 1071 in der Provinz Schensi ein Notenamt zur Ausgabe von lokalen Umlaufsmitteln, das aber bereits 1076 wieder aufgehoben wurde, um dann allerdings 1102 von neuem erichtet zu werden. Im Laufe der ersten Jahrzehnte des 12. Jahrhunderts errichtete man zum selben Zweck Notenämter sowohl in der Haupstadt und den östlich und westlich gelegenen Gebieten wie in der Provinz Huai-nan. Diese Emissionen stimmten in ihren Grundzügen mit dem Verfahren der Ssetsch'uan-Emission überein. Angaben über den Umfang und nähere Einzelheiten fehlen aber hier. Fest steht jedoch, daß diese Noten inflatorisch gewirkt haben und dann mit dem Untergang der Dynastie verschwanden.

d. Die Noten der südlichen Sung-Dynastie (1127—1279).

Der Einbruch der Tartaren in das chinesische Reich war von schlimmen wirtschaftlichen Folgen begleitet. Infolge des Staatsbankerotts wurden überall, mit Ausnahme der Provinz Ssetsch'uan, die dank ihrer geographischen Lage von den politischen Umwälzungen ziemlich unberührt blieb, die staatlichen Noten zu wertlosen Assignaten. Als der Kaiser Kao Tsung die Dynastie südlich des Yangtse fortsetzte, mußte er wegen der wachsenden Staatsausgaben neue Noten drucken lassen. So wurden im Jahre 1129 in der damaligen Provinz Ssetsch'uan Noten eingeführt. Aber der allgemeine Unwille gegen die Noten verhinderte ihre weitere Verbreitung. Aus diesem Grunde mußte das später im Jahre 1136 nach dem Muster der Nord-Sung errichtete Notenamt kurz nach der Errichtung wieder aufgehoben werden. Inzwischen waren im Jahre 1131 die sogenannten Barnoten erfunden worden. Sie unterschieden sich von den anderen dadurch, daß sie, wenn man sie bei dem dazu besonders errichteten Amt präsentierte, sofort in Bar eingelöst werden konnten. Zur Unterhaltung der Militärkolonien in der Provinz Wu ließ der Kaiser dort Noten ausgeben. Der Inhaber konnte die Noten binnen einer vorgeschriebenen Frist bei dem Notenamt in der Hauptstadt in Bar einlösen oder gegen Bezugsscheine auf staatliche Monopolprodukte eintauschen. Im Laufe der nächsten Jahre nahmen diese jedoch immer mehr den Charakter von Umlaufsnoten an. Deshalb griff im Jahre 1150 die Regierung zu folgenden Maßnahmen. Sie ließ Noten, die auf ein bis zehn Strang lauteten, drucken, und zwar wurden für die Provinzen Huai-si und Hu-kuang solche Noten im Betrage von je 800.000 Strang in Umlauf gesetzt. Die Noten sollten nach Ablauf von drei Jahren verfallen. Für die Provinz Huai-tung wurden Noten im Betrage von 400.000 Strang ausgegeben. Ihre Gültigkeit dauerte aber nur zwei Jahre.

Im Jahre 1160 wurden nun lokale Umlaufsnoten für andere

Provinzen emittiert. Die Noten lauteten auf einen Strang sowie auf 200, 300 und 500 Cash. Alle Noten galten als unbeschränktes gesetzliches Zahlungsmittel, waren aber nicht in Bar gedeckt. Als Garantie dienten die Fremdensteuer sowie die Überschüsse der staatlichen Monopolämter, deren Gesamtbetrag sich jährlich auf etwa 10 Millionen Strang belief. Der gesamte Notenumlauf betrug bis zum siebenten Monat des Jahres 1166 über 28 Millionen Strang. Inzwischen waren infolge des einfachen Druckverfahrens vielfach falsche Noten aufgetaucht. Deshalb löste man die umlaufenden Noten bis zu einem Betrage von 15 Millionen Strang ein. Ein Teil des Restes zirkulierte im Verkehr zwischen den Behörden; im Umlauf blieben dann noch Noten im Betrage von etwa 9 Millionen Strang. Eine völlige Zurückziehung suchte man dadurch zu erreichen, daß die staatlichen Anstalten von Monopolprodukten ihre Bezugsscheine nur gegen Noten ausgaben. Am Ende desselben Jahres (1166) schätzte man den Umlauf der überbleibenden Noten auf rund 5 Millionen Strang.

Im nächsten Jahre vernichtete man dann die zurückgezogenen Noten. Gleichzeitig fand eine Neuregelung statt. Die Emission sollte nun wieder wie die der nördlichen Sung-Dynastie in verschiedenen aufeinander folgenden Ausgaben erfolgen. Eine Maximalgrenze und der Verfallstermin wurden festgesetzt. Jede Ausgabe durfte den Betrag von 10 Millionen Strang nicht überschreiten, und nach Ablauf von je drei Jahren wurden die Noten gegen neue Ausgaben umgetauscht. Der Staat übernahm aber nicht die Pflicht der Bareinlösung. Das staatliche Schatzamt wurde jedoch angewiesen, beim Sinken des Notenkurses die Noten mit Gold und Silber auf dem Markte aufzukaufen, um die Parität der Noten aufrecht zu erhalten. Aber bereits im Jahre 1176 wurde dieses Verfahren aufgegeben. Damit mehr Umlaufsmittel auf dem Markt zirkulieren konnten, ließ der Staat die Noten der dritten und vierten Ausgabe nebeneinander umlaufen. Der Verfallstermin wurde nun auf sechs und im Jahre 1160 abermals auf neun Jahre verlängert. Ebenso erweiterte man im Jahre 1195 den Höchstbetrag jeder Ausgabe auf 30 Millionen Strang. Dadurch wurden die Noten schon am Anfang des 13. Jahrhunderts so entwertet, daß sie im privaten Verkehr nur mit einem beträchtlichen Disagio in Zahlung angenommen wurden.

Im Jahre 1231 zirkulierten wiederum die Noten der 14. und 15. Ausgabe nebeneinander. Die Kontingentierung jeder Ausgabe wurde wiederholt erweitert. So beliefen sich im Jahre 1236 die umlaufenden Noten der 16. und 17. Ausgabe schon auf 329 Millionen Strang. Im Jahre 1240 erfolgte die 18. Ausgabe, und gleichzeitig fand eine Neuregelung des Umtauschverfahrens statt. Um das Vertrauen des Volkes zu den neuen Noten zu erhöhen, ordnete der Staat an, daß fünf alte Noten gegen eine neue umgetauscht werden sollten; das Wertverhältnis war also 1 : 5. Diese Maßnahme erzielte aber keinen praktischen Erfolg, da die neuen nicht besser fundiert waren als die alten. Eine starke Entwertung trat dann auch bei den neuen sofort ein. Gegen Ende des Jahres verloren die Noten den Charakter als unbeschränktes, gesetzliches Zahlungsmittel, Die staatlichen Kassen nahmen jetzt Beträge nur noch zu 50 v. H. in Noten an. Damit endigte die Staatsnotenwirtschaft der Sung.

4. Die Noten der Tataren-Dynastie der Kin (1122—1234).

Die Tataren übernahmen mit den übrigen Staatseinrichtungen auch das Notenwesen der Sung-Dynastie und errichteten im Jahre 1154 in ihrer Hauptstadt ein Notenamt. Die von diesem herausgegebenen Noten lauteten auf Strang und Cash. Die sogenannten Großnoten lauteten auf 1, 2, 3, 5 und 10 Strang. und die kleinen auf 100, 200, 300, 500 und 700 Cash. Es gab keine Höchstgrenze für die Emission. Nach Ablauf von sieben Jahren sollten die Noten gegen neue umgetauscht werden. Diese Bestimmung wurde aber bald aufgehoben. Abgenutzte Noten konnten nun bei den Nebenstellen des Zentralnotenamtes in neue umgetauscht oder in Bar eingelöst werden. Alle Noten waren lokale Umlaufsmittel und zirkulierten innerhalb bestimmter Provinzen. Die Höhe des Umlaufs wurde nur durch die Menge des Bargeldes, über das der Staat verfügte, begrenzt. Im Jahre 1155 wurde das Notenamt angewiesen, einen Barfonds zur Einlösung der Noten zu bilden. Um der inzwischen eingetretenen Geldknappheit zu steuern und dem Gebrauch des Silbers als Zahlungsmittel im privaten Verkehr zu genügen, wurden im Jahre 1197 fünf Sorten Silbergeld ausgegeben; diese wogen von 1 bis 5 Taels. Jeder Tael galt soviel wie zwei Strang Cash. Im nächsten Jahre erhob man das Silber zum Währungsgeld und beschränkte die Zahlungsfähigkeit der Cash als Scheidemünzen: Zahlungen von über einem Strang mußten entweder in Silber oder Noten geleistet werden. Für die Bareinlösung der Noten wurden folgende Maßnahmen getroffen. Die Hundert-Cash-Noten konnte man in Cash einlösen. Größere Strangnoten wurden prozentual in Kleinnoten und Silber eingelöst. Zu diesem Zweck wurden große Mengen Cash-Noten in Umlauf gesetzt. Im Jahre 1208 zog man die Strang-Noten zurück. Die Cash-Noten sollten nun ohne Ortsbegrenzung im Reiche zirkulieren. Das Zentralnotenamt errichtete deshalb an verschiedenen Plätzen Nebenstellen, welche die Noten einlösten. Der Überbringer durfte aber nicht Noten über zwei Strang auf einmal zum Einlösen präsentieren. Außerdem erhob man dafür gewisse Gebühren, welche das Einlösen sehr erschwerten, aber auch die Noten in Mißkredit brachten.

Im Jahre 1214 erfolgte eine neue Emission. Die Noten lauteten von 20 bis 1.000 Strang. Das Hinaufsetzen des Nennwertes ist ohne weiteres auf die Papierentwertung zurückzuführen. Aber auch bei den neuen Noten trat sofort eine Entwertung ein, da diese von Anfang an als Papiergeld galten und eine eventuelle Bareinlösung gar nicht vorgesehen war. Darauf gab man im Jahre 1217 neue Noten aus, um die alten zu devalieren, und bestimmte, eine neue auf einen Strang lautende Note sollte soviel wie eine alte auf zehn Strang lautende gelten. Aber auch diese neuen Noten waren sofort entwertet. Das Wertverhältnis zwischen Silber und Noten verschob sich von 1 : 2 auf 1 : 4 und schließlich auf 1 : 800.

Im Jahre 1222 erfolgte abermals eine neue Emission. Eine auf einen Strang lautende Note galt soviel wie 400 Strang-Noten alter Emissionen. Ihr Kurs zum Silber wurde auf zwei Strang gleich einem Tael gesetzlich festgesetzt. Die Noten sollten in barem Silber gedeckt und jederzeit einlöslich sein. Die Einlösung wurde aber nicht eingehalten, was eine neue Entwertung hervorrief. In den nächsten Jahren erfolgten zwei weitere Emissionen. Da der Notenumlauf infolge des Widerstrebens des Publikums stockte und die Entwertung weiterging, wurde der Gebrauch des Silbers als Zahlungsmittel eingeschränkt. Man bestimmte, ein Tael Silber sollte den Kurs von 300 Strang Noten nicht überschreiten, ferner sollten alle Zahlungen bis drei Taels nur in Noten geleistet werden, darüber hinaus zu $^1/_3$ in Silber und $^2/_3$ in Noten. Diese Bestimmungen standen jedoch nur auf dem Papier. Im privaten Verkehr bediente man sich des Silbers als Zahlungsmittel, welches mit der Entwicklung des privaten Bankwesens immer mehr an Boden gewann und das staatliche Geld verdrängte. Ku Yen-wu weist darauf hin, daß gerade von dieser Zeit an das Silber immer mehr als allgemeines Zahlungsmittel verwendet wurde.

5. Die Noten der Mongolen-Dynastie der Yüan (1280—1367).

Die Mongolen kannten den Gebrauch von Noten bereits vor der Eroberung des chinesischen Reiches. Auf Vorschlag des Yü Yüan 于元 wurde unter Ogotai Khan (1229—1241) im Jahre 1236 das Notenamt in der Mongolei errichtet. Der berühmte Staatsmann und Literat Yeh-lü Tsch'u-ts'ai (1290—1244) warnte aber den Khan vor der Gefahr, die durch die Notenausgabe entstehen könnte, und schlug vor, die Emission sollte den Betrag von 10.000 Silberschuhen nicht überschreiten. Dieser Vorschlag wurde auch angenommen.

Im Jahre 1260 schuf Kublai Khan drei Arten von Noten. Die eine lautete auf Seide (Gewicht in Liang), die zweite auf Strang Cash und die dritte auf Taels Silber. Da damals das Silber als allgemeines Zahlungsmittel galt und keine Kupfer-Cash ausgeprägt wurden, diente das Silber als Unterlage der verschiedenen Notensorten. Die Silbernoten lauteten auf 1, 2, 3, 5 und 10 Taels, die Cash-Noten auf 10, 20, 30, 50, 100, 200 und 500 Cash sowie auf ein und zwei Strang. Ein Tael Silber galt soviel wie zwei Strang Cash oder zwei Liang Seide. Die Noten wurden in der Hauptstadt gedruckt; die Provinzialregierungen konnten Noten nur gegen

Abgabe des gleichen Wertes in Edelmetall an das Zentralnotenamt erhalten. Das auf diese Weise dem Notenamt zufließende Edelmetall bildete nun die Deckung der Noten. Die Noten des Kublai Khan waren unbeschränktes gesetzliches Zahlungsmittel und liefen im ganzen Reiche um. An Stelle des früheren Umtauschverfahrens trat die Einlösung gegen Sicht. Neben dem eigentlichen Notenamt wurden seit 1263 durch das sogenannte staatliche Ein- und Verkaufsamt von Lebensmitteln Noten ausgegeben und ihr Umlauf reguliert. Durch diese Maßnahmen suchte man das öffentliche Vertrauen zu gewinnen und so dem Staat die Vorherrschaft über die Landeswährung wieder zu verschaffen. Als Betriebskapital hatte der Kaiser diesem Notenamt 12.000 Silberschuh zugewiesen. Im Jahre 1280 ließ Kublai Khan in allen Provinzen Notenämter errichten, wodurch die Verwendung von Noten sich immer mehr einbürgerte. Schließlich verbot man zur Erhöhung des Notenumlaufs sogar den Gebrauch von Cash.

Inzwischen war infolge steter Abnahme der Bardeckung bereits eine Entwertung der Noten eingetreten. So wurden im Jahre 1287 neue Noten mit denselben Wertvariationen wie bei der Emission von 1260 ausgegeben. Diese Noten sollten neben der alten Emission zirkulieren, galten aber fünfmal soviel wie die alten. Im Jahre 1294 wurde der gesamte Silbervorrat der provinzialen Notenämter nach der Hauptstadt überführt, und kurz darauf folgte die tatsächliche Einstellung der Einlösung. Damit, daß die Mongolennoten reines Papiergeld wurden, erfuhren sie eine starke Entwertung. In den nächsten Jahren gab man infolgedessen neue Noten in großen Mengen aus, was eine weitere Entwertung hervorrief.

Im Jahre 1309 erfolgte eine neue Emission von Silbernoten. Die Noten hatten 13 Wertvariationen und lauteten von 0,01 bis 2 Taels. Ein Tael galt soviel wie fünf Strang der Emission von 1287 und 25 Strang der Emission von 1260. Die Herstellung von Silbernoten wurde aber bereits im Jahre 1311 eingestellt, und die alten Noten blieben in Kraft. Bis zum Jahre 1341 wurden zu den beiden genannten ersten Emissionen jährlich noch eine Serie ausgegeben.[1])

6. Die Noten der Ming-Dynastie (1368—1644).

Nachdem der Kaiser T'ai-tsu den Thron bestiegen hatte, ging er daran, die Währungsverhältnisse zu ordnen und die Wünsche des Publikums zu befriedigen, indem er eine Kupferwährung einzuführen suchte. Zu diesem Zweck errichtete er verschiedene Münzanstalten, die fünf Arten von Kupfermünzen herstellen sollten. Die Einführung einer Kupferwährung scheiterte aber daran, daß nicht genügend Kupfer im Reiche vorhanden war; dazu kam, daß die Cash-Stücke sich infolge ihres hohen Gewichts nicht als geeignetes Zahlungsmittel im Handelsverkehr erwiesen. So griff im privaten

[1]) Die wechselnde Höhe des damaligen Notenumlaufs findet sich in dem finanzwirtschaftlichen Kapitel der Mongolen-Annalen (Yüan schi Kap. 93) verzeichnet.

Verkehr das Silber immer mehr als allgemeines Zahlungsmittel um sich. Außerdem wurden von Privaten auf Grund des entwickelten Bankwesens und der in Zeiten der Inflation gemachten Erfahrungen neue Zahlungsmethoden erfunden, welche die Übertragung von Kapitalien erleichterten und die Gefahr der Geldentwertung ausschlossen und somit jedes staatliche Geld bis auf das Mindestmaß aus dem Verkehr verdrängten.

Die wachsenden Finanznöte des Staates nötigten den Herrscher jedoch, die Notenemission nach dem Vorbild der vergangenen Dynastien aufzunehmen. Die erste Emission erfolgte im Jahre 1375. Die Noten galten als allgemeines Zahlungsmittel für das ganze Reich. Sie lauteten auf 100, 200, 300, 400, 500, 1.000 und 2.000 Cash. Die Cash, auf denen die Noten fundiert waren, bildeten das Währungsgeld. Außerdem galten Gold, vor allem aber Silber, auf welchem ja der ganze private Zahlungsverkehr beruhte, auch als zunächst unbeschränktes Zahlungsmittel; die Edelmetalle wurden jedoch in Casheinheiten bewertet. Der erste amtliche Kurs des Silbers war: ein Tael Silber gleich ein Strang (= 1000) Cash, und beim Gold: 1 Liang Gold gleich vier Strang. Cash in Bar und in Papier galten als völlig gleichwertig und zirkulierten unbeschränkt. Dieses Prinzip wurde, wie wir gleich sehen werden, nicht konsequent durchgeführt. Zur Ausdehung des Notenumlaufs wurden folgende Maßnahmen getroffen. Zuerst ordnete man an, alle Barzahlungen in Kupfer-Cash sollten nur bis zum Betrage von 100 Cash zulässig sein. Alle Steuerabgaben waren zu 30% in Kupfer und zu 70% in Noten zu entrichten. Privater Handel mit Edelmetallen war verboten.

Eine Einlösung der Noten war von Anfang an nicht vorgesehen, desgleichen eine feste Begrenzung des Betrages der Emission. Wenn die Noten bis zu einem gewissen Grade abgenutzt waren, mußten sie gegen neue umgetauscht werden, sonst verloren sie ihre Gültigkeit. Für den Umtausch wurde eine Gebühr erhoben, die manchmal so hoch war, daß sich der Umtausch von Noten geringer Nennwerte gar nicht lohnte. Die abgenutzten Noten wurden in den Provinzen gesammelt und nach dem Finanzministerium geschickt und dort vernichtet. Im Jahre 1382 wurde das Zentralnotenamt in zwei getrennt verwaltete Departements, in ein Ausgabe- und ein Einziehungsamt geteilt. Diese Teilung war rein verwaltungstechnischer Art und für die Bestimmung des Charakters der Noten ganz bedeutungslos.

Daß die oben angeführten Maßnahmen zur Ausdehnung des Notenumlaufs und Aufrechterhaltung des Zwangskurses der Noten in Wirklichkeit keinen Erfolg hatten, beweist uns die Tatsache, daß bereits um die Mitte des 14. Jahrhunderts eine solche Inflation eingetreten war, daß die Noten fast jeden Wert verloren hatten. Gleichzeitig herrschte eine starke Geldknappheit. Dieser Mange an Kupfer-Cash ist nach dem Grahamschen Gesetz eine selbstverständliche Erscheinung, da die Noten die Cash-Stücke vertrieben

Hier wirkte aber auch der Umstand mit, daß die Ausprägung von Kupfer-Cash aus Mangel an Kupfer schon im Jahre 1392 eingestellt wurde. Infolge der Knappheit des Bargeldes trat ein weiteres Sinken des Papierkurses ein. So kam es, daß eine Strang-Note in den südlichen Provinzen nur noch soviel wie 60 Cash in bar galt. Um einer weiteren Entwertung vorzubeugen, erließ der Staat ein scharfes Verbot des Edelmetallhandels und bestimmte ferner, daß die Besitzer von baren Cash diese an den Staat abzuliefern hätten, wofür ihnen ein entsprechender Betrag in Papier vergütet werden sollte. Mit solchen Maßnahmen konnte man natürlich keine praktischen Erfolge erzielen. Nun versuchte der Staat im Jahre 1404 der Entwertung der Noten dadurch Einhalt zu tun, daß er ihre Einziehung anordnete. Die Noten wurden aber nicht in bar eingelöst, sondern man führte eine Reihe neuer Steuern ein, die in Noten zu entrichten waren. So schuf man z. B. eine Salzverbrauchssteuer, Ladensteuer, Steuer auf gewerbliche Transportmittel und dergleichen mehr. Der Betrag der jährlich auf diese Weise zurückgezogenen Noten war aber weit geringer als der der jährlichen Ausgaben. So nahm die Entwertung immer weiter zu. Bis 1436 waren die Noten um 20.000 % ihres Nennwertes entwertet, und am Ausgang des 15. Jahrhunderts nahm selbst der Staat die Noten nicht mehr in Zahlung. Die Besoldung der Beamten und die Erhebung der neuen, noch immer in Noten ausgedrückten Steuern wurden in Silber nach dem jeweiligen Marktkurs umgerechnet und in bar gezahlt.

Inzwischen hatte es nicht an Vorschlägen zur Stabilisierung des Papiergeldes gefehlt. Der Vorschlag, die Noten mit dem verfügbaren Silbervorrat des Staates einzulösen, wurde als Gefährdung der gesamten Staatsfinanzen bezeichnet und deshalb abgelehnt. Wieder andere sahen die einzige Rettung in der Einstellung weiterer Papiergeldausgaben. Die völlige Einziehung des Papiergeldes sei zwar nicht möglich, doch müsse man von der Ausgabe neuer Noten absehen und die Zahlungsfähigkeit der alten Noten einschränken. Über einen bestimmten Betrag hinaus sollten alle Zahlungen in Silber geleistet werden. Außerdem schlug man die Ausprägung von Kupfer-Cash vor, doch sollten diese nur als beschränktes Zahlungsmittel dienen. Schließlich wollte man zwischen Silber, Kupfer und Noten von vornherein ein bestimmtes Wertverhältnis festsetzen. Diese Vorschläge wurden aber nur teilweise ausgeführt, soweit sie dem Brauch des privaten Zahlungsverkehrs angemessen waren. Da nun aber der Zwangskurs unter Privaten nicht beachtet wurde, da man ferner die Noten nur noch nach Gewicht und Beschaffenheit des Papiers handelte, lohnte sich die Emission nicht mehr, und man stellte sie schließlich vollständig ein. Von 1567 an befanden sich keine Noten mehr im Umlauf. Der letzte Kaiser der Ming-Dynastie versuchte noch im Jahre 1644 Papiergeld auszugeben; dieser Plan kam aber nicht über den Versuch hinaus.

7. Die Noten der Mandschu-Dynastie der Ts'ing (1644—1911).

Kurz nach Gründung der Dynastie gaben die Mandschus Noten in Form von Kassenscheinen aus. Die erste Ausgabe vom Jahre 1651 betrug 128.172 Strang Cash. Dieser Betrag wurde dann als Maximalgrenze für die jährlichen Ausgaben festgesetzt. Die Noten wurden von allen staatlichen Kassen in Zahlung genommen. Der Staat verpflichtete sich aber nicht, diese in bar einzulösen. Damit ist aber nicht gesagt, daß der Staat eine neue Papierwährung einführen wollte; im Gegenteil, er hatte alles Interesse daran, eine solide Kupferwährung zu schaffen. So ließ er neue Münzanstalten errichten und vollwertige Kupferstücke ausprägen. Die Noten sollten lediglich die Weiterverbreitung der Kupferwährung ermöglichen. Aber diese Währungs- und Notenpolitik gab man doch wieder auf. Bereits im Jahre 1661 wurde die Notenemission eingestellt. Gleichzeitig hatte man auch die Verwendung des Silbers als Zahlungsmittel anerkannt, indem man die Einnahmen des Staates auf Silberbasis berechnete. Fast zwei Jahrhunderte hindurch gab der Staat dann keine Noten mehr aus.

Im Jahre 1852 mußte der Staat jedoch die Notenemission wieder aufnehmen, um die wachsenden Staatsausgaben während des T'ai-p'ing-Aufstandes (1850—1864) zu decken. Das Finanzministerium errichtete mit privaten Kapitalisten zusammen in Peking verschiedene Bankinstitute, die für Rechnung des Staates Noten ausgeben und einziehen sollten. Die Noten lauteten auf Silber und Cash und liefen nur in der Hauptstadt um. Diesem Beispiel folgten dann die Provinzialregierungen. Eine einheitliche gesetzliche Regelung der Notenemission wurde aber nicht getroffen. Die Vorschriften über Stückelung, Deckung u.s.w. der Noten waren in den verschiedenen Provinzen grundsätzlich verschieden. Deshalb konnten diese Noten nur als Zirkulationsmittel dienen. Der Umlauf war verschieden groß; statistische Angaben darüber fehlen ganz. Die Noten sollten eigentlich gegen Sicht einlösbare Banknoten sein; sie wurden aber bald tatsächlich zu bloßem Papiergeld, als sich verschiedene Provinzen infolge der abnehmenden Deckung dazu genötigt sahen, den Noten einen Zwangskurs zu geben und die Einlösung einzustellen. So hat der Staat in den 50er Jahren des vorigen Jahrhunderts das Notenmonopol praktisch ganz aufgegeben. Nicht nur jede Provinzialregierung war zur Notenausgabe berechtigt, sondern auch jede private Bankunternehmung. Das Notengeschäft wurde zu einem der regulären Bankgeschäfte. So kam es, daß mit dem Machtverfall der Zentralregierung nicht nur die Notenemission der staatlichen Konzession entbehren konnte, sondern seit den 70er und 80er Jahren auch jeder Bankier das Notenrecht als selbstverständliches Recht der Banken betrachtete.

B. Das Privatnotengeschäft.

Über das Privatnotengeschäft, das sicherlich eine der ältesten bankmäßigen Transaktionen in China gewesen ist, geben die Geschichtsquellen nur geringe Auskunft. Diese im allgemeinen sehr umfangreichen Werke berücksichtigen nämlich nur die sozialpolitische und staatliche Seite der wirtschaftlichen Entwicklung und berühren nur gelegentlich privatwirtschaftliche Einrichtungen. So haben wir z. B. zahlreiche Angaben über die Geschichte der staatlichen Noten, dagegen wird das Privatnotengeschäft in den dynastischen Geschichtswerken nur selten erwähnt. Selbst eine sorgfältige Zusammenstellung dieser wenigen Nachrichten dürfte kaum für eine geschichtliche Darstellung des chinesischen Privatnotengeschäftes genügen. Die folgende Darstellung wird deshalb weniger geschichtliche Quellen als das Herkommen und die gegenwärtigen Verhältnisse zu Grunde legen.

Zunächst steht historisch fest, daß die ersten, aus dem Ende des 8. Jahrhunderts stammenden Banknoten, das sogenante fliegende Geld, eine private Erfindung waren. Sie hatten eine gewisse Ähnlichkeit mit dem Scheck und eigneten sich besonders für Distanzzahlungen. Ihre Weiterentwicklung wurde aber durch die staatliche Monopolisierung dieses Geschäftes verhindert. Später im 12. Jahrhundert gab es in der heutigen Provinz Ssetsch'uan wieder Privatnoten. Diese trugen mehr den Charakter von Bankobligationen und zirkulierten nur in bestimmten Ortschaften. Sie wurden ebenfalls vom Staate übernommen und bildeten das Vorbild für alle späteren Staatsnoten. Seitdem war das Notengeschäft für Private verboten. Unter der Regierung des Kublai Khan (1260—1294) machte ein Mongolenkaufmann noch einmal einen Versuch, die Konzession der Notenausgabe gegen Entrichtung hoher Steuern zu erhalten. Dieses Ersuchen lehnte aber das Finanzministerium ab mit der Begründung, eine solche Konzession widerspreche dem patrimonialen Charakter des Staatswesens. Erst um die Mitte des vorigen Jahrhunderts wurde die Notenausgabe von Seiten des Staates freigegeben. Gewisse Nachrichten deuten aher darauf hin, daß es im Süden schon vor dieser Zeit private Noten gegeben hat. Jedenfalls steht soviel fest, daß seit der Verkündigung der Notenfreiheit das Notengeschäft zu einem regulären Bankgeschäft wurde. Als man am Ende des vorigen Jahrhunderts in China die Umgestaltung des gesamten Bankwesens nach europäischem Muster in Angriff nahm, wurde davon natürlich auch das alte Notensystem betroffen. Dieser Prozeß ist heute noch nicht völlig abgeschlossen.

Die Geschichte des chinesischen Privatnotengeschäftes zeigte also bis in die Mitte des 19. Jahrhunderts keine Weiterentwicklung über die beiden Vorläufer des fliegenden Geldes und der Ssetschuan-Noten hinaus. Man kannte bis dahin keine Banknoten im modernen Sinn. Für das Fehlen der Privatbanknoten wird in der Regel die staatliche Monopolisierung dieses Geschäftes als Grund angegeben.

Man kann jedoch dieser Annahme gegenüber manche Zweifel erheben, schon deshalb, weil sich staatliche Maßnahmen erfahrungsgemäß niemals auf die Dauer aufrecht erhalten lassen. Vor allem kann man von dem obigen Standpunkt aus nicht die Frage beantworten, warum in der langen Periode vom Anfang bis zur Mitte der Mandschu-Dynastie, wo der Staat die Notenemission aufgegeben hatte und die Bankiergilden bereits stark genug organisiert waren, die Privatnotenwirtschaft sich nicht hatte entwickeln können. Deshalb hat ein anderer Grund, daß nämlich die notwendigen wirtschaftlichen Vorbedingungen für das Entstehen des Privatnotengeschäftes fehlten, mehr Wahrscheinlichkeit für sich. Die chinesischen Bankiers sind von jeher Vertrauensleute der Kaufleute, nicht aber des breiten Publikums und bringen somit dem Notengeschäft, das mit einem gewissen Risiko verbunden ist, vor allem aber gewisse Änderungen des gewohnten Geschäftsbetriebes erfordert, kein Interesse entgegen. Außerdem fehlte in China eine einheitliche Währung, auf der ein gesundes Notensystem sich hätte entwickeln können. Neben der offiziellen Währung bestand dort eine Bancowährung, welche ihre Entstehung der Papierinflation zu verdanken hatte. Da nun die Bankiers gegen die Inflation auftraten, konnte von einer Privatnotenausgabe auf Grund der geltenden staatlichen Währung keine Rede sein. Wir finden aber gewisse, den Banknoten ähnliche Einrichtungen, welche auf Grund der Bancowährung emittiert werden. Diese dürfen wohl als das eigentliche Notengeschäft der Bankiers bezeichnet werden. Da nun die Bancowährung wiederum für bestimmte wirtschaftliche Kreise geschaffen war, hat das Notengeschäft der Bankiers nur für diese eine Bedeutung. Das bildet eben auch das Charakteristikum des ganzen Geschäftes.

Unter diesem Gesichtspunkt kann man die Geschichte des chinesischen Privatnotengeschäftes in zwei Hauptteile einteilen, die Vorläufer und das eigentliche Notengeschäft. Damit ist eigentlich die Entwicklung abgeschlossen. Das heutige Notengeschäft hat ganz andere Entstehungsgründe und wird somit im II. Teil (über das moderne Notenwesen) näher behandelt.

1. Die Vorläufer.

a. Das fliegende Geld der T'ang-Dynastie (618—906).

Die allgemeine kulturelle Entwicklung der T'ang-Dynastie brachte auch eine Ausdehnung der Volkswirtschaft und die Ausbildung der bankmäßigen Tätigkeit mit sich. Dies und die zunehmende Geldknappheit führte zur Schaffung des fliegenden Geldes. Die Geldknappheit setzte bereits seit der Mitte des 8. Jahrhunderts ein und nahm im Laufe der Zeit einen so großen Umfang an, daß im Handel und Wandel neben dem gemünzten Geld auch Tücher, Seide und andere Gebrauchsgegenstände als Zahlungsmittel herangezogen werden mußten. Zur Behebung dieses Übelstandes wurden von Staatswegen Maßnahmen zur Konfiszierung der Kupfergegenstände und zur Sperrung des Bargeldtransportes aus den Städten und Bezirken getroffen. Nun entstand in den wirtschaftlichen Kreisen ein lebhaftes Verlangen nach Schaffung eines bequemen Zahlungsmittels bezw. eines Geldsurrogates, das die völlige Lahmlegung des Handelsverkehrs verhinderte. Die Entstehung eines derartigen Zahlungsmittels vollzog sich in folgender Weise: Kaufleute, die sich nach der Residenz begaben, nahmen dorthin kein bares Geld mit. Sie verkauften ihre Waren in verschiedenen Orten und hinterlegten das Geld bei ihren dortigen Geschäftsfreunden. Dafür bekamen sie einen Schein, welchen sie mit nach der Hauptstadt nahmen. Dafür konnten sie hier von Leuten, die sich nach dem betreffenden Ort begeben wollten, bares Geld erhalten. Diese Scheine ermöglichten nicht nur Zahlungen zwischen entlegenen Orten, sondern wurden auch im Ortsverkehr als Zahlungsmittel von Hand zu Hand gegeben und daher als fliegendes Geld bezeichnet. Aber bereits einige Jahre später verbot die Regierung das Kursieren des fliegenden Geldes wahrscheinlich deswegen, weil sie darin einen Versuch zur Umgebung der verbotenen Bargeldtransporte erblickte. Über eine Weiterentwicklung des fliegenden Geldes melden die Quellen nichts.

Das fliegende Geld ist also eigentlich nichts anderes als ein ohne weiteres übertragbarer Depositenschein mit zwei Funktionen: er hat sowohl die Aufgabe eines Wechsels als auch einer lokalen Umlaufsnote. Diese doppelte Funktion berechtigt uns zu der Annahme, daß in dem Zahlungsmodus des fliegenden Geldes der Keim des späteren Überweisungs-, Wechsel- und Notengeschäftes zu suchen ist. Während sich nun das Notengeschäft infolge seiner Verstaatlichung und insbesondere wegen des Fehlens der notwendigen wirtschaftlichen Voraussetzungen nicht frei entwickeln konnte, nahm das Wechsel- und Überweisungsgeschäft einen großen Aufschwung. Diese beiden Geschäfte bilden auch heute noch die wichtigsten Tätigkeiten der Schansi-Bankiers.

b. Die Ssetsch'uan-Noten.

Nach dem fliegenden Geld wurde dann im 12. Jahrhundert wieder eine Art Banknoten in der heutigen Provinz Ssetsch'uan eingeführt. Diese Provinz war in geographischer Hinsicht von den übrigen Gebieten ziemlich abgeschlossen. Zur Zeit des Wang Mang (9—22 n. Chr.) eroberte Kung-sun Schu (gestorben 36 n. Chr.) das Land und gründete dort einen selbständigen Staat. Unmittelbar darauf führte er wegen Mangels an Kupfer die Eisenwährung ein. Diese blieb dann bis in die Zeit der Sung-Dynastie (10.—12. Jahrhundert) dort bestehen. Die Eisenmünzen waren aber sehr schwer und stellten sich im Laufe der Zeit als nicht mehr geeignet für den Handel und Verkehr heraus. Aus diesem Grunde veranlaßte ein gewisser TschangYung 16 reiche Handelshäuser, sich zu einer Gesellschaft zu vereinigen und nach dem Muster des fliegendes Geldes der T'ang-

Dynastie Umlaufsnoten auszugeben.[1]) Man nannte diese Noten zuerst „Tschih-tsi“ 質劑. Dieser aus dem „Tschou-li“ stammende Ausdruck besteht aus zwei Begriffen. Im Tschou-li heißt es: „Das Kaufen und Verkaufen muß beurkundet werden. Der Abschluß eines größeren Geschäftes soll auf dem „Tschih“ und der eines kleineren Geschäftes auf dem „Tsi“ niedergeschrieben werden“. Der Kommentator Tschêng (126—200) war der Meinung, daß sich „Tschih“ und „Tsi“ durch die Größe des Formates voneinander unterschieden. Später vereinigte man „Tschih“ und „Tsi“ zu einem Begriff und verstand darunter eine Urkunde über den Abschluß eines Geschäftes und zwar als eine Art Quittung.

So bildeten die Ssetsch'uan-Noten in erster Linie eine Urkunde, die der Bankier dem Kunden über ein zwischen ihnen abgeschlossenes Geschäft ausstellte. Da die Noten gegen Hingabe von barem Eisengeld ausgegeben wurden, stellten sie einen Depositenschein dar, welcher eine Forderung des Deponenten auf den Emittenten beurkundete. Diese Einrichtung zeigt eine große Ähnlichkeit mit den alten englischen „Goldsmith-notes“. Diese Noten nahmen aber insofern einen anderen Charakter an, als die genannte Gesellschaft sie nicht mehr gegen Hinterlegung des Bargeldes ausstellte, sondern emittierte, d. h. die Bankiers zahlten nun mit ihren Noten. Man bezeichnete sie mit dem Namen „Kiao-tse“; dieser Ausdruck bedeutet „etwas (tse), das von Hand zu Hand gegeben wird (kiao)“. Diese unterschieden sich von den späteren Banknoten dadurch, daß sie nicht gegen Sicht einlöslich waren und vorwiegend den Charakter langfristiger Obligationen trugen. Die Noten lauteten einheitlich auf einen Strang Eisen-Cash und sollten erst nach Ablauf von 65 Jahren eingelöst werden. Die abgenutzten Noten wurden alle drei Jahre gegen neue umgetauscht Die Emission war nicht begrenzt, auch gesetzliche Regelungen zum Schutz der Noteninhaber und zur Sicherstellung der Einlösung fehlten. Die natürliche Folge davon war, daß bald zu viel Noten ausgegeben wurden, und die Gesellschaft war schließlich nicht mehr in der Lage, ihren Zahlungen nachzukommen. So mußte dann der Staat das Geschäft übernehmen.

2. Die umlaufenden Kreditmittel der Bankiers.

Für die Entwicklung des chinesischen Bankiergeschäftes ist der Umstand charakteristisch, daß die Bankiers durch ihre gildenartige Organisation eine autonome, wirtschaftliche Körperschaft bilden, welche jede äußere Einmischung ausschließt. Die Selbständigkeit der Bankiers kommt am deutlichsten in der Einrichtung der Bancowährung zum Ausdruck. Um die Bedeutung dieser Bancowährung zu verstehen, müssen ihre Entstehungsgründe kurz vorausgeschickt werden.

---

[1]) Vgl. oben S. 7f.

Zur Zeit der Sung- und der Mongolen-Dynastie war die offizielle Währung durch die starke Papierinflation ganz zerrüttet. Dieser Umstand hatte zur Folge, daß man im privaten Verkehr die ganze Kalkulation auf eine wertbeständige Basis umzustellen suchte. So gebrauchte man bereits am Anfang der Sung-Dynastie als Zahlungsmittel allgemein das Silber, das aber nicht ausgemünzt, sondern nach dem Gewicht und Feingehalt des Schrotes gehandelt wurde. Daraus sind dann die lokalen Tael-Währungen entstanden.

Die Gewichtseinheit für das Silber bildete in älterer Zeit das Kin, das 16 Liang zählte, während 1 Liang wiederum in 24 Schu zerfiel. Mit dem Beginn der Sung-Dynastie führte man zur Vereinfachung der Rechnungen das Dezimalsystem ein. Man nahm jetzt das Liang als Einheit und teilte dieses in 10 Ts'ien, 100 Fen und 1000 Li. Der Wert des Liang[1]) bestimmt sich nach dem Gewicht und dem Feingehalt des Schrotes, der je nach den Orten variiert. Das Silber zirkuliert meistens in Form des Yüan-pao, wofür die Europäer gewöhnlich den Ausdruck „Schuh" gebrauchen. Das Gießen geschieht in der Regel in einer von den lokalen Bankiers errichteten Gießanstalt. Die „Schuhe" werden dann in der ebenfalls von den Bankiers eingerichteten Prüfstelle auf Gewicht und Feingehalt geprüft und durch eine Stempelung beglaubigt und kommen erst dann in Umlauf.[2]) Soviel über das Silber als chartales Zahlungsmittel. Zur Vereinfachung des Zahlungsverkehrs hatte man eine auch jetzt noch geltende Bancowährung eingeführt. Die Bankiers nehmen Depositen in Silber entgegen, und die Kunden zahlen durch Vermittlung der Bankiers mit ihren Guthaben, wodurch die Mühe des Transportes erspart bleibt. Die Übertragung von Kapitalien geschieht durch Umschreiben in den Bankbüchern. Der Ausgleich von Forderungen und Schulden zwischen den Kunden auf der einen und zwischen den Bankiers auf der anderen Seite erfolgt durch das Giro- und Kompensationsverfahren.

Da nun die Bancowährung auf den lokalen Umlaufsilberschuhen beruht, hat jedes größere Handelszentrum eine eigene Bancowährung.

Die Schaffung solcher Bancowährungen geschieht durch die städtischen Bankiergilden. Die Schansi-Gilden kalkulieren auf Grund der ortsüblichen Bancowährungen. Sie stellen für die Verrechnung mit ihren Geschäfsfreunden in den verschiedenen Orten eine Art Rechentabelle auf, die auch als Wertmasstab für die verschiedenen Bancowährungen untereinander dient.

Auf Grund dieser vom Staate ganz unabhängigen Bancowährung

---

[1]) Die Europäer gebrauchen für Liang gewöhnlich den aus dem Malaiischen stammenden Ausdruck Tael.

[2]) Ein Silberschuh wiegt in der Regel 50 Taels. In der Prüfstelle wird der Schuh zuerst gewogen und das Gewicht darauf vermerkt. Falls das Schrot besser oder schlechter als ein normales gegossen ist, so bestimmt der Prüfer, daß der 50-Taelschuh dementsprechend etwas höher oder niedriger bewertet wird. Das wird auch auf dem Schuh angemerkt.

werden alle Bankiergeschäfte ausgeführt, darunter auch ein dem modernen Notengeschäft ähnliches, bei welchem umlaufsfähige Kreditmittel in Bancowährung ansgegeben werden. Diese sollten in erster Linie dem zeitweiligen Geldmangel abhelfen und vor allem die Barzahlungen auf das Mindestmaß beschränken.

Wie in der Einleitung bereits erwähnt ist, gibt es zwei Arten von Bankiergilden, die Schansi- und die städtischen (lokalen) Bankiergilden. Danach haben wir zwei Arten von Kreditmitteln zu unterscheiden; die der Schansi- und die der städtischen (lokalen) Bankiers. Alle diese Kreditmittel unterscheiden sich von den regulären Banknoten dadurch, daß sie auf der Bancowährung beruhen und in Silber gedeckt sind. Das zeitweilige Überschreiten der Deckung, wie es zu gewissen Zeiten des Jahres erforderlich ist, wird durch die Satzung der Gilden und vor allem durch das Vertrauen, das der betreffende Bankier besitzt, automatisch begrenzt.[1]). Ferner zirkulieren diese Kreditmittel nur in gewissen Kreisen und bilden nicht das Zahlungsmittel des breiten Publikums.[2]) Aus diesen Gründen wirken die Kreditmittel der Bankiers nur erleichternd für alle größeren lokalen und Distanzzahlungen. Die üblichen Wirkungen der Banknoten, wie die Beeinflussung der Konjunktur und Preisgestaltung, treten bei den Kreditmitteln der chinesischen Bankiers nicht in Erscheinung.

---

[1]) Die Kreditmittel sind je nach den Bedürfnissen des Zahlungsmarktes nicht immer gleichmäßig gedeckt. In den Zeiten, wo die Aufkäufer den kleinen Bauernfamilien die Tee-Ernte und die Seiden-Cocons abnehmen, werden große Mengen Barsilber dem Verkehr entzogen, weil die kleinbäuerlichen Produzenten bares Geld verlangen. Dann werden die Kredite der Bankiers stark in Anspruch genommen und ihre Barbestände fast ganz erschöpft. Nach zwei oder drei Monaten gelangen in der Regel die Tee- und Seidenaufkäufer wieder zu ihrem Geld und können es dann ihren Bankiers zurückgeben. Während dieser Periode sind die Kreditmittel nur schwach gedeckt, und doch muß der ganze Zahlungsverkehr damit aufrecht erhalten werden. Da aber in dieser Zeit eine weitere Ausgabe von Kreditmitteln nicht erfolgt, können die zeitweiligen ungedeckten Kredite keine inflatorische Wirkung hervorrufen. Die Bankiers sind in der Regel nicht die Emittenten solcher Kreditmittel, sondern stellen diese meistens nur auf Verlangen der Kunden aus. Die Bankiers haben hier lediglich die von den Kunden eingelieferten Barmittel aufzubewahren und übernehmen die Verpflichtung, die Kreditmittel beim Präsentieren, das wiederum verschieden geregelt wird, einzulösen. Die Durchführung der Gildensatzung, die jeden Mißbrauch des Einlösungsfonds verbietet, hat das hohe Ansehen der Bankiers begründet. Übrigens kann man weder von einer direkten Ausgabe durch die Bankiers, noch von einer ungedeckten Emission sprechen, da der Umlauf durch die vorhandenen Mengen an Barmitteln begrenzt ist. In Zeiten des Geldmangels wird der Fonds allerdings ausgeliehen; es handelt sich hier aber nicht um ein einfaches Verschwinden des Silbers, dieses wird vielmehr nur auf kurze Zeit unter die bäuerlichen Produzenten verteilt, um dann wiederum zu den Bankiers zurückzukehren.

[2]) Die Kreditmittel gelten nur für die Kaufleute, welche mit den Bankiers in Beziehungen stehen. Für den täglichen Verkehr kommen sie schon deswegen nicht in Betracht, weil das Silber nicht Zahlungsmittel des Kleinhandels ist. Außerdem sind die Kreditmittel sehr verschieden gestückelt, so daß sie sich nicht als allgemeines Zahlungsmittel eignen. Übrigens handelt es sich dabei in der Regel um größere Summen, welche nur ausnahmsweis auf weniger als hundert Taels lauten.

Die Kreditmittel der städtischen und der Schansi-Bankiers haben verschiedene Funktionen und sind auch verschieden eingerichtet.

a) Die Schansi-Bankiers.

Die Schansi-Bankiers nehmen trotz ihrer verhältnismäßig geringen Zahl[1]) auf Grund ihrer zahlreichen Kreditverbindungen von jeher den ersten Platz als Vermittler des Zahlungsverkehrs ein. So besorgen sie für ihre Kunden die Ausstellung von Wechseln und Kreditbriefen. Diese beiden Kreditmittel sind äußerlich nicht zu unterscheiden. Der chinesische Kaufmann pflegt nicht selbst einen Wechsel auszustellen, sondern geht zu seinem Bankier und kauft von ihm gegen Geld und Kredit einen Wechsel oder einen Kreditbrief. Wenn der Kauf durch Geld erfolgt, handelt es sich mehr um einen Kreditbrief; im anderen Falle mehr um einen Wechsel.[2]) In beiden Fällen zieht der Bankier in eigenem Namen auf seinen Geschäftsfreund, der dann die Zahlung zu leisten hat.

Der Wechsel besteht aus drei Teilen. Den ersten Teil behält der Aussteller, der Bankier, zur Kontrolle. Der zweite Teil wird von dem Aussteller dem Bezogenen (als Prima-Wechsel) zugeschickt. Den dritten (Sekunda-Wechsel) bekommt der Auftraggeber, der ihn in Zahlung gibt.

Das Wechselformular sieht folgendermaßen aus:

Schansi-Wechsel.

I. Teil

gezogen auf den Bankier N. N., Nanking.
Betrag 1234.— Tls. (Bar oder Giro)
Für Herrn A. an Herrn B. Auf Sicht oder nach Dato
No. 24 Datum der Ausstellung

....
Kontrollsiegel

---

1) Sie belief sich im Jahre 1900 auf nur 5 Firmen in Peking.

2) Die Ausstellung solcher Kreditmittel erfolgt in der Regel auf dem Wege des Kredits. Der Bankier gewährt seinem Kunden durch die Ausstellung dieser Kreditmittel einen Kredit, der je nach Umständen ein Blanko- oder Lombardkredit sein kann. Dadurch entsteht ein zweifaches Schuldverhältnis: Erstens zwischen dem Bankier und seinem Kunden, und zweitens zwischen dem Trassaten und dem Trassanten auf der einen und zwischen diesen beiden und dem Inhaber (Order) auf der anderen Seite. Die Wirkung dieses Kreditmittels ist für den Auftraggeber die eines Wechsels, da es sich hier ebenfalls um einen Zahlungsaufschub handelt. Doch besteht hier der Unterschied, daß der eigentliche Aussteller durch die Vermittlung des Bankiers ganz in den Hintergrund tritt und sich von einer direkten Haftung zurückzieht. Mit der Ausstellung des Wechsels übernimmt der Bankier die Pflicht seiner Einlösung. Da nun die Ausstellung solcher Wechsel in der Regel eine Kreditgewährung von Seiten der Bankiers bedeutet, so könnte man in diesem Geschäft eine Kombination von Notenausgabe und Wechseldiskont erblicken.

Kontrollsiegel

....

II. Teil

An Herrn N. N., Nanking.
Zahlen Sie auf diesen Wechsel gegen Sicht
oder (..... Tage nach Dato) an
Herrn B. Nanking den Betrag von
1234.—Tls. (Bar oder Giro).
Belasten Sie mit diesem Betrag meine laufende Rechnung.
No. 24 Name des Trassanten
Ort, Datum

....

Kontrollsiegel

Kontrollsiegel

....

III. Teil

An Herrn N. N. Nanking (Trassat)
Zahlen Sie auf diesen Wechsel gegen Sicht
(oder ..... Tage nach Dato) an
Herrn B. Nanking den Betrag von
1234.—Tls. (Bar oder Giro).
No. 24 Name des Trassanten
Ort, Datum

Das ist die übliche Form des Schansi-Bankierwechsels, welcher unter dem Namen des „Dreizusammenhängendenscheines" im Verkehr bekannt ist.[1])

Die Ausstellung des Wechsels ist ein Monopol der Schansi-Bankiers, weil diese die meisten Kreditverbindungen haben. Diese Wechsel dienen nur als Distanzzahlungsmittel, um die Remissen zwischen verschiedenen Orten zu ermöglichen. Wenn der Wechsel an dem Bestimmungsort der Einlösung ankommt, so nimmt er, ohne Unterschied, ob er gegen Sicht oder nach Dato einlöslich ist, den Charakter eines gewöhnlichen Umlaufmittels an. Er kann ohne besondere Indossierung lange im Verkehr bleiben. Nachdem der Trassat den Wechsel eingelöst hat, belastet er damit das laufende Konto des Trassanten und schickt diesem den zweiten Teil des Tripelwechsels mit einem Vermerk zurück. Damit endigt der Auftrag des Trassanten. Die gegenseitigen Schuldverhältnisse des Trassaten und Trassanten werden auf den laufenden Konten beglichen.

Für die Einlösung des Wechsels haften Trassat und Trasant solidarisch. Der eigentliche Aussteller, der Kunde, ist dagegen frei von jeder Haftung. Der Wechsel braucht auch nicht ak-

---

[1]) 三聯票 Der Name rührt daher, daß die drei Teile zusammenhängen und erst nach der Ausstellung zerteilt werden. Vgl. das chinesische Muster eines solchen Tripelwechsels auf S. 76.

zeptiert zu werden, bevor er in Umlauf gesetzt wird. Die Order ist hier kein wesentlicher Bestandteil des Wechsels, denn dieser ist in Wirklichkeit kein Order-, sondern ein Inhaberpapier. Er kann ohne weiteres (nicht durch das Indossamentverfahren) von Hand zu Hand in Zahlung gegeben werden. Der Trassat löst den Wechsel am Fälligkeitstermin jedem Inhaber ein, wenn er nicht vorher von dem Trassanten oder anderen glaubwürdigen Personen einen entgegengesetzten Auftrag erhält. Dementsprechend kann der Inhaber keinen Regressionsanspruch gegen den Vordermann, auch nicht gegen die ursprüngliche Order erheben. Die Haftpflicht des Bezogenen geht so weit, daß die Wechsel im Konkursfalle des Trassanten oder des eigentlichen Ausstellers eingelöst werden müssen. Die Einlösung seitens des Trassaten bedeutet eine Kreditgewährung an den Trassanten. Diese wird aber auf dem gegenseitigen Kontokorrent ausgeglichen, indem der Trassat ebenfalls einen Wechsel auf den ursprünglichen Trassanten zieht. Zinshöhe und Risikoentschädigung werden mit dem Kontokorrentvertrag festgesetzt.

Die Einlösung des Wechsels ist nicht mit vielen Schwierigkeiten verbunden, einmal deswegen, weil er nicht sofort zum Einlösen präsentiert wird, vor allem aber aus folgenden Gründen: Erstens bekommt der Trassat zunächst den zweiten Teil des Tripelwechsels, so daß er sich auf das Einlösen einrichten kann. Zweitens sind die Wechsel durch flüssige Forderungen gedeckt. Alle Geschäfte werden in China dreimal im Jahre abgerechnet, und die Saldi der laufenden Konten, sei es der Kunden mit dem Bankier oder unter den Bankiers selbst, werden ausgeglichen, wenn es vertraglich nicht anders ausgemacht ist. Somit ist keine besondere Anstrengung notwendig, um den Wechsel einlösen zu können. Außerdem erfolgt die Einlösung größtenteils nicht in Bar, sondern durch Giro oder durch Gutschrift auf das Konto des Inhabers. Ferner sind die Kapitalien der Bankiers ziemlich flüssig angelegt. Die Schansi-Bankiers legen ihre Gelder meistens in sofort kündbaren Darlehen an. Diese sind entweder kurzfristige Anleihen oder tägliches Geld. Als Kreditnehmer kommen hier die städtischen Geldwechsler, weniger die Kaufmannschaft in Betracht.[1]) Die Schansi-Bankiers sind auch zugleich die Kassenführer der meisten Geldwechsler, welche ihre Kassenüberschüsse bei ihnen zu deponieren pflegen. Kurz, die Kapitalien der Schansi-Bankiers sind immer liquid angelegt. Aus diesem Grunde können sie ihre Wechsel immer einlösen.

Die Wechsel der Schansi-Bankiers haben verschiedene wirtschaftliche Funktionen. Zuerst dienen sie als Überweisungsurkunden, um Zahlungen zwischen entlegenen Orten zu ermöglichen und um die Mühen und Gefahren des Bartransportes zu sparen. Sobald

[1]) Die Kaufmannschaft steht nur selten mit den Schansi-Bankiers in direkter Beziehung, sondern in der Regel durch die Vermittlung der städtischen Bankiers, welche die Vertrauenspersonen der lokalen Kaufmannschaft sind.

sie an dem Bestimmungsort angekommen sind, nehmen sie vielfach den Charakter eines Umlaufmittels an, indem sie ohne weiteres von Hand zu Hand in Zahlung gegeben werden können. In den größeren Handelsstädten Südchinas ist es allerdings Usus, daß Wechsel mit längerem Fälligkeitstermin erst von dem Trassaten akzeptiert werden müssen, um umlaufsfähig zu sein. Die Funktion der Überweisung endigt, nachdem der Wechsel (der dritte Teil des Tripel-Wechsels) der Order zugeschickt und von ihr weiter in Zahlung gegeben worden ist. Der eigentliche Aussteller und die Order treten aus dem Kreditnexus völlig zurück, und mit diesem Augenblick wird der Wechsel Umlaufsmittel. Ein solcher Wechsel kann gleich einer Banknote oft lange Zeit zirkulieren. Diese Funktion endigt erst mit der Einlösung. Die große Bedeutung des Schansi-Wechsels besteht nicht nur darin, daß man mit seiner Hilfe die Mühe der Barzahlung spart, sondern daß er auch eine richtige und nützliche Verteilung des Barsilbers bewirkt, indem er eine übermäßige Ein- oder Ausfuhr des Silbers an einem Orte verhindert. Schließlich verhütet er auch, daß die Kapitalien nicht wochenlang auf dem Transport unausgenutzt brach liegen. Die Wechsel als Umlaufsmittel haben dagegen eine nur geringe Bedeutung. Sie zirkulieren nur in den Kaufmannskreisen und in der Regel auch nur für kurze Zeit. Sie mögen wohl zu bestimmten Zeiten einer herrschenden Geldknappheit abhelfen, aber keineswegs können sie für längere Zeit als Geldersatz dienen[1]).

Mittels der Schansi-Wechsel werden fast alle Distanzzahlungen der Kaufmannschaft erledigt. Genaue Angaben über den jährlichen Durchschnittsbetrag der ausgestellten Wechsel fehlen. Ebenso wie die Marktgeschäfte erfolgen auch die auf dem Verlags- oder Aufkaufsystem beruhenden Geschäfte (z. B. Baumholz, Tee und Seide) nicht durch Vermittlung der Schansi-Bankiers. Hier handelt es sich um Warenbezug von den Kleinproduzenten, insbesondere von den bäuerlichen,[2]) welche bares Geld verlangen und von der Bancowährung nichts wissen wollen.

Die Ausstellung solcher Wechsel kann auf verschiedenem Wege erfolgen. Wenn der Kunde sie durch Barzahlung bewirkt, so erhebt der Bankier dafür eine gewisse Gebühr in Form einer Provision. Außerdem hat er den Vorteil, über das eingelieferte Kapital verfügen zu können. In der Regel handelt es sich aber um eine Kreditgewährung, indem die Ausstellung durch Gewährung eines Blanko- oder Lombardkredits geschieht. In diesem Falle wird der Kredit verzinst, wobei der Zins wie beim Wechseldiskont vorher

[1]) Auf dem lokalen Markt haben die Kreditmittel der städtischen Bankiers eine größere Bedeutung als die der Schansi-Bankiers, weil diese über die lokale Geldkonjunktur besser orientiert sind.

[2]) Die meisten landwirtschaftlichen Produkte werden verlegt oder aufgekauft, weil die Kleinproduzenten keine Beziehungen zu den Grossisten haben. Die Verleger und Aufkäufer haben in der Regel ihren Sitz in den Produktionsorten. Die Produkte können hier einen Veredelungsprozeß erfahren und werden an die Grossisten verkauft.

abgezogen wird. Der Zinsfuß schwankt je nach der Konjunktur und der Zins selbst wird bis zu dem auf dem Wechsel stehenden Termin gerechnet.

b) Die städtischen Bankiers.

Die städtischen Bankiers haben, wie in der Einleitung bereits erwähnt ist, für die ganze Währungsfrage insofern eine große Bedeutung, als sie eine Art Bancogeld geschaffen haben, welches durch seine Wertbeständigkeit das staatliche Geld aus dem kaufmännischen Verkehr völlig verdrängt hat. Die Schaffung einer solchen Bancowährung wurde dadurch ermöglicht, daß die Bankiers infolge ihrer Gildenorganisation zu einer wirtschaftlich autonomen Körperschaft geworden sind und sich jeder staatlichen Kontrolle entziehen. Die städtischen Bankiers befassen sich weniger mit indifferenten Geschäften, haben aber einen größeren Machteinfluß auf dem lokalen Geld- und Kreditmarkt als die Schansi-Bankiers; jene sind eben die einzigen Kreditvermittler und Kassenverwalter des gesamten Handelsstandes.

Die ganze kaufmännische Kalkulation beruht auf der Bancowährung, und alle Zahlungen, sofern sie nicht Distanzzahlungen sind, werden auf dem Giralwege erledigt. Somit treten das Bargeld und auch die Silberbarren und -schuhe ganz in den Hintergrund. Diese befinden sich in den Tresors der Bankiers und dienen zur Dekung der Bancowährung.

Die Kaufleute pflegen ihre Barschaft und die Kassenüberschüsse bei ihren Bankiers zu hinterlegen und auf ihre Konten gutschreiben zu lassen. Die Kaufmannsguthaben sind in der Regel sofort kündbar, und der Deponent kann jeden Augenblick über sein Guthaben verfügen. Das geschieht gewöhnlich durch Ausstellung von Schecks, d. h. der Deponent weist seinen Bankier an, seiner Order den vorbemerkten Betrag auszuzahlen. Die Scheck- und Girokonten sind in der Regel vereinigt. Wenn die Order den Betrag in Bar abheben will, ist es Brauch, daß die Auszahlung erst am nächsten Tage erfolgt. Man hat außerdem noch eine Art Provision von 1 bis 2 v. H. für die Barauszahlung zu leisten. Diese Provision war ursprünglich als Trinkgeld für den Diener gedacht, der das Silber von dem Bankier zu der Order zu tragen hatte. Die meisten Schecks werden aber nicht in Bar eingelöst. Die Order läßt den Betrag des Schecks auf ihr Konto bei ihrem Bankier gutschreiben. Die Forderungen und Verpflichtungen zwischen den Bankiers werden im Kompensationsverfahren ausgeglichen, die nicht ausgleichbaren Spitzen im Clearingverfahren überwiesen.[1])

Die meisten Bankiers unterhalten mit ihren Kunden Kontokorrente. Der Inhaber eines Kontokorrents kann sein Konto bis zu einem bestimmten Betrag durch Ausstellung von Schecks über-

[1]) Vgl. den (chinesisch geschriebenen) Artikel „Über das heutige Giro- und Abrechnungswesen der Schanghaier Bankiers“ in: Beiträge zum Entwurf des Wechselrechts, Schanghai 1922, herausgegeben von der „Bankier-Woche“ Schanghai.

ziehen. Dieser Betrag wird dann auf die Sollseite des Kontokorrents notiert und nach vereinbartem Zinsfuß verzinst.

Die Bankiers gewähren Kredit auch auf Grund eines Lombardgeschäftes oder sie gewähren Blankokredit. Die Kreditgewährung geschieht aber nicht durch Aushändigung von Barmitteln, sondern durch Ausstellung von Zahlungsversprechen, welche den Charakter von Bankobligationen haben und von den Kreditnehmern in Empfang genommen oder in Zahlung gegeben werden. Die Obligationen der Bankiers haben verschiedene Formen. Die gewöhnliche Form ist in Schanghai unter dem Namen „Bankier-Schein" (Obligation)[1]) bekannt. Die Ausstellung dieser Bankier-Scheine kann wiederum in zweierlei Form erfolgen. Entweder sind sie beide in Form eines Zahlungsversprechens der Bankiers selbst an den Inhaber gegen Sicht oder auf einen bestimmten Termin abgefaßt. Beide Arten sind Inhaberpapiere und tragen das Datum der Ausstellung, die Höhe des Betrags, die laufende Nummer der Obligation und den Namen des Ausstellers, der für die Einlösung unbedingt haftet. Diese kann in Bar erfolgen, doch werden in den meisten Fällen die Beträge auf das Konto des Inhabers gutgeschrieben. Die Nichteinlösung bedeutet soviel wie Bankerott des Ausstellers und kommt in normalen Zeiten nur selten vor.

Die Einlösung erfolgt sofort, wenn die Obligationen zur Gutschrift präsentiert werden. Die Bareinlösung geschieht in Schanghai erst sechs bis sieben Stunden nach dem Eingang der Obligationen beim Aussteller. Wie bei der Bareinlösung von Schecks wird auch hier eine — allerdings niedrigere — Provision erhoben. Sie beträgt bei ständigen Kunden sieben Taelcents für je 1.000 Taels, bei anderen das Doppelte.

Beide Arten von Obligationen haben Umlaufsfunktion. Die Obligationen ohne Fälligkeitstermin bleiben je nach ihrer Güte länger oder kürzer im Umlauf. Die Güte wird nach dem Grade des Vertrauens, das der Aussteller genießt, bemessen. Den Obligationen kommt am ehesten der Charakter moderner Banknoten zu mit dem Unterschied, daß sie nicht auf runde Summen lauten und nicht das Währungsgeld vertreten. Sie zirkulieren auch vorwiegend zwischen der Kaufmannschaft und haben für den täglichen Zahlungsverkehr im kleinen keine Bedeutung.

In Schanghai unterscheidet man zwei Arten von Obligationen mit Fälligkeitstermin, solche mit fünftägiger und solche mit zehntägiger Frist. Bis zum Fälligkeitstermin können sie im Umlauf bleiben, wobei aber das Akzept des Ausstellers notwendig ist. Diese Obligationen haben vorwiegend den Charakter eines Solawechsels, werden aber nicht durch das Indossamentverfahren in Verkehr gesetzt. In allen Fällen haftet der Aussteller allein. Die Ausstellung solcher Obligationen geschieht in der Regel zur Kreditgewährung.

---

[1]) 莊票 eigentl. „(Bank-)Geschäft-Schein". Vgl. auf S. 77 die chinesischen Muster solcher „Bankier-Obligationen".

Wenn es sich um Lombardkredit handelt, so sind die Obligationen durch Faustpfand gedeckt. Schwieriger ist das Einhalten einer liquiden Deckung bei Gewährung von Blankokrediten, die durch langfristige Depositen gedeckt werden.

Die Ausstellung von Obligationen ohne Fälligkeitstermin geschieht gewöhnlich bei der Gewährung von Blankokrediten und die mit Fälligkeitstermin bei Gewährung von Lombardkrediten. Solche Kredite werden meistens an Tee- und Seidengrossisten gewährt. Diese benötigen kurzfristige Kredite zu bestimmten Zeiten, wo sie ihre Lieferanten, die Verleger, bezahlen müssen. Die Zahlung geschieht in der Regel dadurch, daß die Grossisten die Obligationen der städtischen Bankiers bei den Schansi-Bankiers diskonieren und durch deren Vermittlung ihre Gläubiger in anderen Orten bezahlen lassen. Damit die Obligationen diskontiert und in Zahlung gegeben werden können, muß sie vorher der Aussteller akzeptieren. In den großen Tee- und Seidenexporthäfen setzen die Grossisten ihre Waren in fünf oder zehn Tagen an die ausländischen Firmen ab und erhalten von diesen sofort die Kaufsummen, mit welchen sie dann ihre Bankierschulden begleichen können. Das ist die übliche Form der Kreditgewährung durch Ausstellung kurzfristiger Obligationen seitens der Bankiers. Diese sind durch sichere Forderungen voll gedeckt und sollen nur zur Befriedigung kurzfristiger Kreditbedürfnisse dienen. Durch die festgesetzte, verhältnismäßig kurze Dauer der Umlaufsfähigkeit wirken sie nicht geldvermehrend und können keine Hochkonjunktur hervorrufen, wie es bei Notenausgabe gegen Wechseldiskont die Regel ist. Privatwirtschaftlich bedeutet die Ausstellung solcher Obligationen für den Bankier insofern einen Gewinn, als er dafür eine Provision erhält, die sich auf 0,1 bis 0,5 pro mille beläuft. Die Lombardverzinsung wird jeden Tag auf 1 bis 2 pro mille berechnet.

Die Ausstellung von Obligationen ohne Fälligkeitstermin dient zur Gewährung von Blankokrediten. Hier liegt ein ähnlicher Fall vor, wie wenn der Kontokorrentkunde einen sein Guthaben übersteigenden Betrag durch Ausstellung von Schecks überziehen darf. Der Umfang der Kreditgewährung liegt im freien Ermessen der Bankiers, die sich hauptsächlich nach dem Grade der Kreditwürdigkeit des Kunden richten sowie nach der Höhe der ihnen zu freier Verfügung stehenden Depositen. Eine feste Regelung kennt auch die Satzung der Bankiergilde nicht.

Für diese Obligationen sind keine bestimmten Formen vorgeschrieben. Sie müssen nur das Datum der Ausstellung, den Namen des Ausstellers, die laufende Nummer der Obligationen und die Höhe des Betrags enthalten. Der Kunde kann die Obligationen ohne weiteres in Zahlung geben. Ihr Umlauf ist allerdings nicht groß und seine Dauer verhältnismäßig kurz. In der Regel werden sie nur dann als Zahlungsmittel gebraucht, wenn die Giro- oder Scheckzahlung aus irgend einem Grunde versagt. Die Höchstgrenze der Umlaufsdauer beträgt vier Monate, denn alle Kreditgeschäfte werden nach Ablauf von vier Monaten abgerechnet. Der Aussteller haftet für die sofortige Einlösung, die auch hier häufiger durch Gutschrift als in Bar erfolgt. Für Bareinlösung wird hier wie überall eine Provision erhoben. Die Bankiers werden für ihr Risiko durch eine entsprechende Verzinsung des Kredits entschädigt.

Die Umlaufsfähigkeit der Obligationen mit oder ohne Verfallstermin beschränkt sich nur auf den lokalen Zahlungsmarkt. Als Garantie dient nicht bloß der Umstand, daß der Aussteller einer strengen Einlösungspflicht untersteht, sondern auch, daß sämtliche Bankiers derselben Gilde alle Obligationen honorieren und auf Wunsch einlösen. Die dadurch entstehenden Schuldverhältnisse zwischen den Bankiers werden auf den laufenden Rechnungen und durch das Kompensations- und Clearingverfahren ausgeglichen. Der Aussteller, der Bankier, darf auf keinen Fall Obligationen zur Tilgung eigener Verbindlichkeiten emittieren. Die Obligationen müssen durch Sachwerte oder sichere Forderungen voll gedeckt sein. Das Wesentliche bei allen Kreditmitteln der Bankiers besteht darin, daß sie nur zur Erleichterung des Zahlungsverkehrs dienen und niemals inflatorisch wirken. Genaue statistische Angaben über die Höhe des jährlichen Obligationenumlaufs fehlen. Nach einer Schätzung der „Bank-Woche" (The Bankers Weekly) beläuft sich die Gesamtsumme der von den achtzig städtischen Bankiers in Schanghai jährlich ausgestellten Obligationen etwa auf 20 Millionen Taels.[1]) Allerdings beeinträchtigt heute das Aufkommen moderner Banknoten den Umlauf der Bankier-Obligationen ziemlich stark.

Außer den beiden genannten Obligationen pflegen die Bankiers noch eine andere Art Kreditmittel auszustellen, welches mit den Obligationen nicht verwechselt werden darf. Hier handelt es sich um eine Art Wechsel in Form eines Inhaberscheines, den die Bankiers aufeinander ziehen. Dieser braucht aber kein Finanz- oder Reitwechsel zu sein und beruht in der Regel auf realen Forderungen. Seine Funktion besteht darin, daß ein Bankier, der nicht über eine genügende Menge Barmittel verfügt und eine Barzahlung zu leisten hat, dem Zahlungsempfänger einen solchen Wechsel anstatt Barsilber geben kann. Der Bankier weist damit seinen Geschäftsfreund an, für ihn die Barzahlung zu leisten. Natürlich ist hier eine vorherige Verabredung notwendig. Die hauptsächliche Aufgabe dieser Wechsel besteht darin, eine richtige Verteilung der vorhandenen Barmittel zwischen den Bankiers selbst herbeizuführen. Die einzelnen Regelungen sind eine interne Sache der Bankiers und werden in den verschiedenen Fällen verschieden getroffen.

Handelt es sich hierbei um eine Kreditgewährung, so wird der bezogene Bankier durch Verzinsung entschädigt. Er übernimmt aber dafür die strenge Einlösungspflicht und haftet mit dem Aussteller solidarisch. Meistens werden die Wechsel nur zum Akzep-

---

[1]) Vgl. Beiträge zum Entwurf des Wechselrechts, Bd. II, S. 144.

tieren dem Bezogenen präsentiert; das Akzept kann wie die übrigen Bankier-Obligationen oft längere Zeit im Umlauf bleiben.

Da die Kreditmittel der Bankiers an keine bestimmte Form gebunden sind, werden die Bankier-Wechsel oft mit den Obligationen verwechselt. Sie unterscheiden sich aber dadurch, daß bei den Wechseln der Aussteller und der Bezogene für die Einlösung solidarisch haften, bei den Obligationen aber nur der Aussteller. Außerdem sind die Wechsel immer auf Sicht einlöslich, während die Einlösung der Obligationen auf Sicht oder Fälligkeit erfolgt. Diese Wechsel werden im Kreditverkehr zwischen den Bankiers in großem Umfang gebraucht. Ihre Ausstellung kann auf einer realen Forderung beruhen. Es kann sich aber auch um eine Kreditgewährung seitens des Bezogenen an den Aussteller handeln. In diesem Fall kommen nur ganz kurzfristige Kredite in Form von täglichem Geld in Betracht. Der Rückzahlungstermin beträgt höchstens fünf Tage. Die Rückzahlung geschieht in der Regel dadurch, daß ein neuer Wechsel seitens des Kreditgebers lautend auf denselben Betrag zuzüglich Zinsen auf den Schuldner ausgestellt wird.

Alle Kreditmittel der Schansi- und städtischen Bankiers haben Umlaufsfunktion, aber nur innerhalb der kaufmännischen Kreise. Die Privatleute und öffentlich rechtlichen Körperschaften, welche mit den Bankiers in keiner direkten Verbindung stehen, haben mit der Bancowährung, der Grundlage aller Bankiergeschäfte, nichts zu tun, weil sie auf Grund des staatlichen Geldes kalkulieren. Der Verkehr zwischen den Bankiers und öffentlichen Körperschaften sowie Privatleuten muß durch Bargeld geschehen. Die Kreditmittel kommen hierfür nicht in Betracht. Solche Geschäfte sind nicht sehr zahlreich. Die städtischen Bankiers machen in der Regel Depositengeschäfte mit Privaten, während die Schansi-Bankiers in größerem Umfang Regierungsgeschäfte treiben. Dazu gehört der Überweisungsdienst für Regierung und Kommunen, das Depositen- und Depotgeschäft sowie das Darlehensgeschäft an öffentliche Körperschaften.

Die Regierungsgeschäfte der Schansi-Bankiers erfolgen durch Barmittel und haben deshalb keinen Einfluß auf die übrigen Kreditgeschäfte, insbesondere auf das Wechselgeschäft, welches nur für die kaufmännischen Kreise bestimmt ist. Sämtliche Kreditmittel der Schansi- und städtischen Bankiers sind entweder auf Barmittel oder auf sicheren Forderungen fundiert und wirken deshalb nicht geldvermehrend, sondern dienen nur dazu, den Zahlungsverkehr zu erleichtern und der zeitweiligen Geldknappheit abzuhelfen. Ihre Umlaufsfähigkeit ist im allgemeinen von kurzer Dauer und infolgedessen können sie auch die Konjunktur nicht beeinflußen. Das sind die Momente, durch die sich die Kreditmittel der Bankiers von den modernen Banknoten ihrem Wesen nach unterscheiden.

3. Die Geldwechslernoten.

Wie wir gesehen haben, beruhen alle Geschäfte der Schansi- und städtischen Bankiers auf der Bancowährung.

Ganz anders verhält es sich bei den Geldwechslern, die sich zwar als Bankiers bezeichnen, streng genommen aber nicht dazu gehören. Es sind vielmehr kleine Geschäftsleute, welche das Sortengeschäft in bescheidenstem Umfange betreiben. Sie wechseln für kleine Detaillisten, Dienstboten usw. Silber in Kupfer oder Cash oder umgekehrt und leben eigentlich nur von der Unerfahrenheit ihrer in Geldsachen wenig bewanderten Kundschaft. In den größeren Hafenstädten wechseln sie auch fremde Sorten. Diese Geldwechsler geben, um ihre eigenen Verbindlichkeiten zu erfüllen, eine Art Schuldscheine aus. Diese lauten auf kleine, runde Zahlen (gewöhnlich in Cash) und zirkulieren zunächst nur innerhalb ihrer meistens in derselben Straße wohnenden Kundschaft. Als nun am Anfang des 19. Jahrhunderts das staatliche Münzwesen immer mehr in Verfall geriet, blühten die Geschäfte der Geldwechsler auf und gewannen dadurch, daß ihre Noten weiter zu zirkulieren begannen, immer größere Bedeutung. Wenn es damals auch formell noch keine Notenfreiheit gab, so bestand doch praktisch eine solche; die natürliche Folge davon war, daß die Geldwechler bald zu viel Noten ausgaben. Dieser Umstand führte zu zahlreichen Bankerotten und zur Vernichtung vieler kleiner Existenzen. So erließ die Regierung im Jahre 1833 ein Haftpflichtgesetz für die Pekinger Geldwechsler. Wenn jemand eine Wechslerstube eröffnen wollte, so mußte er die Inhaber fünf anderer Geschäfte als Bürgen beibringen. Diese fünf hafteten dann als Gesamtschuldner für den Fall eines schuldhaften Bankerotts. Dieses Gesetz hatte keinen praktischen Erfolg, und nach 1853 nahm der Mißbrauch der Notenemission einen so großen Umfang an, daß Bankerott und Bankruns eine alltägliche Erscheinung waren. Schließlich kam es soweit, daß die Noten nicht mehr angenommen wurden. Ein bestimmter Zeitpunkt für das Aufkommen dieser Geldwechsler läßt sich nicht angeben. Wie aber aus der obigen Schilderung zu entnehmen ist, steht soviel fest, daß sie bereits vor der Freigabe des Notengeschäftes durch die Regierung im Jahre 1853 das Notengeschäft aufgenommen hatten. Nach der Gründung moderner Notenbanken mußten die Geldwechsler ihr Notengeschäft meistens aufgeben.

Eine größere Bedeutung hat das Notengeschäft der Geldwechsler nicht gehabt, denn die Emission war durch den kleinen Geschäftsumfang begrenzt. Die Grundlage ihres Geschäftes bildete im Gegensatz zu den Bankiers das staatliche Geld. In dieser Hinsicht könnte man sie als Vorläufer der modernen Notenbanken bezeichnen, welche ihre Geschäfte ebenfalls mit Hilfe des staatlichen Geldes betreiben. Aus diesem Grunde waren sie, wie auch die späteren Banken, von der Regierung, insbesondere von der staatlichen Währungspolitik nicht unabhängig. Das Gesetz von 1833 bildet die erste staatliche Einmischung in das Privatbankgeschäft seitens der Mandschu-Dynastie.

II. Das moderne Notenwesen.

Die modernen Banknoten verdanken ihre Entstehung der Einführung des modernen Kapitalismus in die chinesische Volkswirtschaft und lassen sich entwicklungsgeschichtlich nicht aus den Kreditmitteln der einheimischen Bankiers ableiten. Die modernen Notenbanken verfolgen ganz andere volkswirtschaftliche und privatwirtschaftliche Grundsätze als die Bankiers. Erst durch die europäischen Kolonialbanken wurde das moderne Banknotengeschäft in China eingeführt. Wenn auch die einheimischen konservativ gesinnten Bankiers darin eine mit ihren Prinzipien unvereinbare Neuerung sehen, so vermag doch ihr ablehnendes Verhalten die Gründung von Aktienbanken, die sich hauptsächlich mit den neuen Notengeschäft befassen, nicht zu verhindern. Allmählich gewinnen diese einen immer größeren Einfluß auf die Öffentlichkeit und verdrängen die einheimischen Bankiers, die bisher die alleinigen Kreditvermittler des Landes waren.

Auch die Notenbanken haben mit dem System der Bancowährung gebrochen, indem sie die mexikanischen Silberdollars zur Basis ihrer Geschäftsführung machten. Die mexikanischen Silberdollars hatten zuerst die europäischen Händler in den Küstenprovinzen als Tauschmittel eingeführt, wegen ihrer Bequemlichkeit fanden sie dann im ganzen Land große Verbreitung. Allerdings dienen die Silberdollars nur zur Barzahlung, während der Tael als Rechnungseinheit für den inländischen Großhandel und den internationalen Handelsverkehr bis heute seine Stellung behauptet hat.

Da die mexikanischen Dollars in erster Linie das Handelsgeld des täglichen Verkehrs bilden, stehen die Notenbanken, die Banknoten in Dollars emittieren, in einer viel engeren Beziehung zur breiten Masse des Volkes als die einheimischen Bankiers. Dem Notengeschäft liegt nicht mehr der Gedanke der Schaffung eines wertbeständigen Zahlungsmittels zu Grunde; das Hauptinteresse dabei ist vielmehr auf die Beschaffung billiger Kredite, welche die Banken wieder gewinnbringend anlegen können, gerichtet. Auch die Technik der Notenausgabe folgt genau dem europäischen Vorbild. Die Noten werden in Serien emittiert und in der Regel auf dem Wege der Wechseldiskontierung oder Gewährung von Lombardkrediten seitens der Banken in den Verkehr gebracht. Zur Zeit der völligen Notenfreiheit war die Regelung des Notengeschäfts jeder einzelnen Notenbank überlassen. Daraus ergaben sich vielfache Mißbräuche, denen man durch eine gesetzliche Einschränkung des Notengeschäftes zu steuern suchte. Damit kommen wir nun zur Frage der Notenkonzentration; diese wurde durch die ganze Entwicklung der chinesischen Währung mitbedingt. Da die neue Währung[1]) auf den umlaufenden mexikanischen

---

[1]) Mit der zunehmenden Erschließung Chinas für den Welthandel mußte die ganze wirtschaftliche Struktur des Landes einschneidende Änderungen erfahren. Vor

Silberdollars beruht, und die neuen Silbermünzen, die sogenannten Yuan, von der Regierung als allgemeines Zahlungsmittel erklärt wurden, so mußten die Banken dieses Währungsgeld zur Basis ihrer geschäftlichen Kalkulation machen, um die Geschäfte mit der Regierung und dem Publikum zu ermöglichen. Während die einheimischen Bankiers eine wirtschaftlich autonome Einrichtung darstellen, sind die neuen Notenbanken sowohl von der Regierung wie von dem Publikum insofern abhängig, als ihre Interessen Hand in Hand gehen. Dadurch entstehen in vieler Hinsicht neue Beziehungen des Notengeschäftes zu dem allgemeinen wirtschaftlichen und sozialen Leben, wie sie den einheimischen Bankiers bis dahin unbekannt waren; dazu gehören die Fragen der Inflation, der Konjunktur u. a.

Im Jahre 1911 setzte dann die Republik eine neue Währungskommission ein, welcher Vissering als Berater beigegeben wurde. Dieser machte in seinem Buch „Currency and Banking in China" der chinesischen Regierung den Vorschlag, eine Goldwährung zu schaffen. In der Übergangszeit sollte eine Silberwährung oder eine Wechselwährung auf Goldbasis eingeführt werden. Diese Vorschläge sind aber nicht ausgeführt worden. Im Jahre 1914 entschied sich die Regierung für eine reine Silberwährung. Die neuen Silbermünzen heißen Yuan und sind unbeschränktes gesetzliches Zahlungsmittel. Im Jahre 1917 wollte man dann eine Goldwährung einführen. Dieser Plan scheiterte aber daran, daß das ausländische Bankkonsortium den von der chinesischen Regierung verlangten Kredit von 20 Millionen Pfund nicht zur Verfügung stellen wollte. In Wirklichkeit ist sogar das Yuan-Geld bis jetzt noch nicht überall verbreitet. Die Zentrale der „Vereine der Banken" gewährte 1921 der Regierung einen Kredit von $2^1/_2$ Millionen Yuan, um die Reformarbeit zu ermöglichen. Über diese Verhältnisse hat E. Lederer in der „Frankfurter Zeitung" (vom 6., 7. und 8. April 1924, Morgenblatt) gute Betrachtungen angestellt.

Somit können wir in der Notenkonzentrationsbewegung zwei Arten unterscheiden. Die erste geht von der Regierung aus und beginnt mit der Errichtung von öffentlichen rechtlichen Banken, kommt aber infolge der wirtschaftlichen und politischen Ohnmacht der Regierung nicht ans Ziel. Die zweite Richtung geht von der Initiative der Privatbanken aus und zerfällt wieder in zwei Unterarten: die Konzentrationsbewegung des Vereins der Banken und die der Bankgruppen. Diese letzten beiden Bewegungen sind heute noch im

---

allem verlangten die Währungsverhältnisse gebieterisch nach einer Neuregelung. Zu diesem Zweck berief die Regierung mehrere Sachverständigenkommissionen ein und ließ verschiedene Projekte entwerfen. Die endgültige Lösung hat man allerdings bis heute noch nicht gefunden. Anfangs prägten die Provinzen eigene Silbermünzen nach dem Vorbild der mexikanischen Dollars. Diese Silbermünzen liefen aber zunächst nur innerhalb bestimmter Provinzen um; ein einheitliches Währungssystem gab es noch nicht. Und selbst nachdem durch die Ratifizierung des Schanghaier Handelsvertrages (1902) die chinesische Währungsreform zu einem internationalen Problem geworden war, blieb die Frage praktisch ungelöst.

Entstehen begriffen und haben noch zu keinem Erfolg geführt. Allen diesen Bewegungen liegt der Gedanke zu Grunde, durch eine geregelte Notenpolitik eine einheitliche Währung zu schaffen. Das Problem besteht nur darin, ob die Regierung oder die Privatbanken diese Aufgabe durchführen sollen. Die neueste Entwicklung zeigt nun, daß die Privatbanken infolge ihrer größeren finanziellen Macht eher zu der Reformarbeit berufen sind.

A. Die Notenfreiheit.

Im Altertum hatte es keine Notenfreiheit gegeben, und das Staatsnotenmonopol bestand nominell bis zu den 50er Jahren des vorigen Jahrhunderts. Die Kreditmittel der Bankiers hatten nicht als Noten gegolten und fielen deshalb nicht unter das Verbot der freien Emission. Vermutlich hatten aber die Geldwechsler bereits in der ersten Hälfte des vergangenen Jahrhunderts das Notengeschäft getrieben. Das Gesetz von 1833, welches die erste gesetzliche Regelung des Notengeschäftes unter den Mandschus bildet, gab praktisch das Notengeschäft frei, indem es die Ausführung dieses Geschäftes allen solventen Bankbetrieben gestattete. Die Entstehung des modernen Notengeschäftes aber ist späteren Datums. Es wurde von den europäischen Banken in China eingeführt. Die ausländischen Mächte verlangten von China kraft ihrer militärischen Überlegenheit eine Reihe von politischen und wirtschaftlichen Privilegien. In den sogenannten Vertragshäfen, wo die Angehörigen der fremden Mächte das Recht der Exterritorialität genießen, errichteten die Ausländer mit Unterstützung ihrer Regierungen eigene Banken, welche mit weitgehenden Privilegien ausgestattet waren. Diese Banken haben nun auch die ersten modernen Banknoten in China ausgegeben. Die chinesischen Interessenten erkannten bald die großen Vorteile dieses ihnen bis dahin unbekannten Notengeschäftes und ahmten es infolgedessen nach, indem sie in den Vertragshäfen ähnliche Notenbanken errichteten. Diese beiden Bankarten sind die ersten modernen Noteninstitute in China. Die Regierung wollte aber die Interessenten in anderen Teilen des Landes nicht benachteiligen; deshalb gab sie die Notenemission stillschweigend ganz frei.

Die einheimischen Bankiers machten aber von der Notenfreiheit keinen Gebrauch, weil sie im Gegensatz zu dem neuen Notengeschäft vom Staate wie von der breiten Volksmasse ganz unabhängig sind. Die chinesischen Notenbanken stellen deshalb keine Fortsetzung der Bankiers dar, sondern sind eine ganz neue vom Ausland übernommene Einrichtung. Infolge seiner fremden kapitalistischen Grundlage ergeben sich, wie wir im folgenden sehen werden, bei dem modernen Notengeschäft verschiedene privat- und volkswirtschaftliche Momente, die den Bankiers fehlen.

1. Die ausländischen Kolonialbanken.

Die europäischen Kolonialbanken, die hauptsächlich dem Verfall der politischen Macht Chinas ihre Entstehung verdanken, bedürfen zu ihrer Errichtung keiner Konzession seitens der chinesischen Regierung, sie unterstehen vielmehr der Gesetzgebung des Mutterlandes. Diese Banken sind in der Regel auch Notenemissionsinstitute und genießen besondere Erleichterungen wie sie keine Notenbank im Mutterlande besitzt. So fordert man von ihnen keine Bardeckung für die ausgegebenen Noten, schreibt ihnen auch keine Maximalhöhe der Emission vor.

Die ausländischen Kolonialbanken haben, um sich dem Zahlungsmodus des chinesischen Verkehrs anzupassen, Noten in Taels ausgegeben. Diese Taelnoten kommen aber nur selten im Verkehr vor; denn die Taels sind Rechnungseinheit für den geldlosen Verkehr, so daß die Taelnoten kaum eine praktische Bedeutung haben. Ganz anders verhält es sich mit den Noten, die auf mexikanische Dollars lauten. Da diese die Rechnungseinheit der ausländischen Banken bilden, wurden sie schließlich zum allgemeinen Handelsgeld nicht nur zwischen Europäern und Chinesen, sondern auch unter den Chinesen selbst. Dieses Handelsgeld verdrängt sowohl die einheimische Cash- wie auch die Bankowährung immer mehr und wird sogar zum Zahlungsmittel im Verkehr mit den staatlichen Kassen. So treten diese Banken durch ihre Notenemission in enge Beziehungen zu der chinesischen Volkswirtschaft.

Die Noten der ausländischen Kolonialbanken haben zuerst den Zweck, den Barverkehr mit mexikanischen Dollars zu erleichtern. Der Umfang des Notenumlaufes wird durch die Kreditfähigkeit der einzelnen Emissionsbanken begrenzt. Die Kreditwürdigkeit wird wiederum je nach der Art und Weise, wie die Notenbanken ihrer Einlösungspflicht nachkommen, beurteilt. Als Einlösungsfonds dienen ähnlich wie bei den chinesischen Bankiers die langfristigen Depositen, welche die Chinesen diesen Banken zur Aufbewahrung anvertraut haben.[1])

Die Noten kommen dadurch in den Verkehr, daß sie von den Notenbanken den ausländischen Firmen als Kredit gegeben werden. Die Kreditgewährung erfolgt in der Regel durch Wechseldiskont oder auf dem Lombardwege. Die Kredite können aber auch langfristig sein, weil die Notendeckung zu einem großen Teil aus chinesischen Depositen besteht.

Trotz der großen Verbreitung der mexikanischen Dollars und der Dollarnoten können diese doch die alte Bancowährung nicht ganz aus dem Verkehr verdrängen. Das offizielle Geld bleibt

[1]) Die ausländischen Banken waren von jeher beliebte Depositenbanken für die hohen Beamten der Mandschu-Regierung und neuerdings auch für die Militärmachthaber, welche ihre Gelder in Sicherheit bringen oder sich der einheimischen Steuerpflicht entziehen wollten. Die Depositen tragen niedrige Zinsen und sind meistens nach längeren Fristen kündbar.

trotz der verschiedenen Währungsreformversuche der Tael, obgleich sein Wert in den verschiedenen Orten schwankt. Der chinesische Brauch, den Wert des Geldes ausschließlich nach dem Gewicht und Feingehalt des Metalls zu messen, besteht heute noch. Die Dollars und selbst die von der chinesischen Regierung ausgeprägten Silbermünzen haben wohl eine ziemlich verbreitete Umlaufsfähigkeit, tragen aber keineswegs Geldcharakter. Sie verhalten sich zu den Taels ebenso wie die Devisen zum Währungsgeld und haben einen wechselnden Kurs. Aus diesem Grunde können die ausländischen Banknoten keinen Einfluß auf die Preisgestaltung und Konjunktur ausüben. Dasselbe werden wir auch bei den chinesischen Noten, sowohl staatlichen wie privaten, sehen. Die Weiterverbreitung der Dollarnoten ist nun dadurch beschränkt, daß sie nur lokale Umlaufsfähigkeit haben, während die Wechsel der Schansi-Bankiers im ganzen Land zirkulieren können. Die Einzelheiten der Emissionsbanken sind bei den Banken der verschiedenen Nationalitäten verschieden geregelt. In den größeren Vertragshäfen und in den wichtigeren Städten des Inlands existiert ein Verein ausländischer Banken, welcher die gemeinsamen Interessen vertritt und auch das Organ des Kompensations- und Clearingverkehrs unter den Mitgliedern bildet. Die Banknoten lauten auf mexikanische Dollars, ihre Stückelung ist in der Regel 1, 5, 10, 50, 100 und 500 Dollars. Doch kommen Noten über 50 Dollars nur selten im Verkehr vor, da die größeren Beträge noch vielfach in Taeleinheit gerechnet werden.

Über die Höhe des jährlichen Notenumlaufs sind keine zuverlässigen statistischen Angaben vorhanden. Als die führenden unter den ausländischen Banken sind die beiden englischen zu nennen: „The Chartered Bank of India, Australia and China" gegründet 1853 und „The Hongkong and Shanghai Banking Corporation" gegründet 1881. Die erstere sollte eigentlich nur den englischen Opium- und Baumwollhandel in China finanzieren. Ihre Notenemission ist bei weitem nicht so umfangreich wie die der letzteren. Die Hongkong Bank hat einen ausgeprägten politischen Charakter. Sie ist die Vertreterin der Interessen des englischen Staates und weiß durch ihre Anleihepolitik die chinesische Regierung zur Gewährung immer größerer Vorzugsrechte[1]) zu bringen. Auch hat sie die größte Notenemission in China. Man schätzte ihren Notenumlauf im Jahre 1919 auf über 24 Millionen Dollars. Diese Noten sollen durch 16 Millionen Silberdollars in bar, die bei dem Schatzamt der englischen Kolonialregierung in Hongkong hinterlegt wurden,[2]) gedeckt sein.

---

[1]) Dazu gehört vor allem die Verwaltung der Einnahmen der chinesischen Staatsbahnen, des Seezolls, der Salzabgaben sowie der Wechseldienst der Kriegsentschädigungen an England usw.

[2]) Diese Zahlen sind der (chinesisch geschriebenen) „Geschichte der Entwicklung der modernen Banken in China" entnommen. (2. Auflage. Schanghai 1920, S. 2 bis 4.)

Die ausländischen Notenbanken haben in den letzten Jahren von der chinesischen Regierung die Konzessionen erhalten, Filialen in den Nichtvertragsplätzen zu errichten. So konnten die meisten Banken ein ausgedehntes Filialennetz über ganz China spannen. Immer bleiben aber die von diesen Filialen ausgegebenen Noten lokale Umlaufsmittel. Jede Note enthält einen bestimmten Emissionsort aufgedruckt, innerhalb dessen sie Umlaufsfähigkeit besitzt.

Die Banken anderer Nationen sind ähnlich wie die englischen organisiert, treten aber, was ihre wirtschaftliche und politische Bedeutung betrifft, hinter den englischen zurück.

2. Die einheimischen Aktienbanken.

a) Die Gründungsepoche der Aktienbanken in China.

Zur Entstehung der modernen Notenbanken haben die ausländischen Kolonialbanken den direkten Anlaß gegeben. Die eigentlichen Gründe liegen aber tiefer.

Während in den letzten Dezennien des vorigen Jahrhunderts die chinesische Volkswirtschaft immer mehr zurückging, nahm der allgemeine Wohlstand in den Vertragshäfen und den mit ihnen in Verbindung stehenden Städten zu. Der Hauptgrund für diesen wachsenden Wohlstand lag darin, daß diese Plätze von den politischen Bewegungen fast unberührt blieben. Infolgedessen wurden nach der Einführung des Aktienwesens gerade dort viele private Kapitalien in Handel, Industrie und Gewerbe angelegt.[1]) Diese neue Unternehmungsform der Kapitalgesellschaften erzeugte dann neue Kreditbedürfnisse, die größer und anders geartet waren, als daß die einheimischen Bankiers sie hätten befriedigen können.

Die ersten Aktiengesellschaften waren industrielle oder großgewerbliche Unternehmungen. Es gab aber damals im Lande keine Bankinstitute, welche diese neuen Unternehmungen hätten finanzieren können. Die Bankiers waren der Aufgabe nicht gewachsen, weil sie ihre Gelder liquid anlegen mußten und keinen Kredit auf längere Frist und gegen niedrigere Zinsen, als die jungen Industrien und Gewerbe sie verlangten, gewähren konnten. Das Gefühl der Notwendigkeit, den Kreditbedürfnissen der neuen kapitalistischen Unternehmungen zu genügen, führte schließlich zur Errichtung moderner Aktienbanken. Der Leitgedanke war, alle verfügbaren Geldkapitalien des Landes sollten durch die Vermittlung der Banken produktiv angelegt werden.

---

[1]) Das Aktienwesen wurde zuerst in einigen halböffentlichen Unternehmungen eingeführt, während ein Aktienrecht erst später erlassen wurde. Zu den ersten Aktiengesellschaften dieser Art gehören unter anderen „Die Chinesische Handelsschiffahrt-Gesellschaft", die „Han Yeh Pin Kohlenbergwerk-Aktiengesellschaft" und einige heute bereits verstaatlichte Eisenbahngesellschaften. Die Errichtung von öffentlich rechtlichen Aktien-Banken wie der „Hupu-Bank" und der „Verkehrsbank" erfolgte etwas später, nachdem die Gründung verschiedener Privataktienbanken bereits vorausgegangen war.

Diese Aktienbanken waren anfangs Effekten-, Noten- und Sparbanken zugleich. Sie vereinigten alle Kreditgeschäfte ohne Rücksicht darauf, ob sie sich auch banktechnisch vereinigen ließen. Die Emission von Noten war nach dem Vorbild der europäischen Banken selbstverständlich.

Charakteristisch für das moderne Notengeschäft ist sein Einfluß auf die Währung, und zwar derart, daß die Notenbanken sich bemühen, von der bisher bestehenden Bankowährung überzugehen zu einer allgemeinen staatlichen Währung. Ursprünglich beruhte nämlich das Notengeschäft auf dem damals in China allgemein kursierenden mexikanischen Dollar. Als nun aber die chinesische Regierung eigene dem mexikanischen Dollar nachgebildete Münzen ausgab und dieses Geld unter dem großen Publikum weite Verbreitung fand, stellten sich die Banken darauf um. Denn während der Bankier seine Kredite möglichst an einzelne Personen gibt oder bei ihnen aufnimmt, weil sich sein Geschäft dadurch sicherer und einfacher gestaltet, liegt es im Wesen des modernen Notengeschäftes, die Noten in kleinen Einzelbeträgen unter eine große Menge von Inhabern zu verteilen, wodurch vermieden wird, daß größere Summen auf einmal einzulösen sind. Da es vor allen Dingen auch die Hauptaufgabe der Notenbanken ist, die kleinen Einzelkapitalien zu sammeln, um sie für größere wirtschaftliche Unternehmungen verwendbar zu machen, mußte man bei der Ausgabe von Noten dieser Tendenz Rechnung tragen.

Es war deshalb nötig, sich dem Münzsystem anzuschließen, das im Volke allgemein verbreitet war, und die neuauszugebenden Noten dadurch populär zu machen, daß man sie in einer Form erscheinen ließ, die den Bedürfnissen des Verkehrs möglichst entsprach. So kam man dazu, das europäische System in großen Zügen nachzuahmen. Das Notengeschäft wurde aber, als es in China nach längerer Unterbrechung wieder als neu in Erscheinung trat, zunächst durch keine staatlichen Maßnahmen beeinflußt. Im Gegensatz zu dem damaligen Europa, wo sich die Notenkonzentration unter staatlicher Führung mehr und mehr vollzog, waren die chinesischen Banken vollkommen unabhängig.

Da es im Wesen des Notengeschäfts liegt, den Geldumlauf zu vermehren, wird es zur Ursache von Hochkonjunktur und Preiserhöhungen. Diese wirtschaftlichen Folgen wurden jedoch dadurch sehr abgeschwächt, daß die Bankowährung noch in weitem Umfange bestehen blieb. Es drohte aber nun die andere Gefahr, daß die Banken ihre Freiheit mißbrauchten und die Noten in beliebigen Mengen ausgaben. Die Folgen davon waren Bankruns, Zahlungseinstellungen und ähnliche chaotische Zustände.

Die Regierung versuchte, in diese Verhältnisse einzugreifen und durch die Errichtung von halböffentlichen Banken eine Notenkonzentration herbeizuführen. Als Gegenbewegung wurde eine Notenkonzentration seitens der Privatbanken durch Zusammenschluß von ihrer Seite — der Verein der Banken — ins Leben gerufen.

b) Die ersten Privatnotenbanken.

Die von Süden ausgehende Reformbewegung, die um die Mitte der 90er Jahre auf allen Gebieten des Staates und der Wirtschaft einsetzte, faßte auch die Gründung moderner Banken nach europäischem Vorbild ins Auge und fand dabei die Unterstützung der Regierung. Die erste Aktienbank wurde im Jahre 1896 in Schanghai gegründet und führte bis 1911 die englische Bezeichnung „The Imperial Bank of China", die sich aber nicht mit dem chinesischen Namen „Handelsbank" deckt. Ihr Aktienkapital sollte eine Million Taels betragen. Die Aktionäre konnten aber für die von ihnen gezeichneten Aktien nicht volle Zahlung leisten. Um den Betrieb zu ermöglichen, gewährte die Regierung der Bank einen Vorschuß von einer Million Taels in Form eines festen Deposits. Im übrigen mischte sie sich in die Verwaltungsangelegenheiten nicht ein, sondern behielt sich nur das Genehmigungsrecht der Statuten vor. Damals gab es weder eine Zentralbank noch eine allgemeine Bankgesetzgebung. Die Ausübung sämtlicher Bankgeschäfte unterstand keinerlei staatlichen Vorschriften, während die innere Organisation der Banken lediglich durch eigene Statuten geregelt war.

Da die chinesischen Leiter der Handelsbank mit dem neuen Bankwesen nicht vertraut waren, wurden in die Leitung zwei ausländische Sachverständige Maitland und Marshall berufen. Zu ihrem Ressort gehörte vor allem das Notenwesen, das von ihnen ganz nach europäischem Vorbild organisiert wurde. Die Noten lauteten ebenso wie bei den ausländischen Kolonialbanken nicht auf die neuen chinesischen Silberdollars, sondern auf mexikanische Dollars; auch waren sie üblicher Weise in 1, 2, 5, 10 und 50 Dollars gestückelt. Die Art der Notendeckung war zunächst statutarisch nicht festgesetzt. Das Verhältnis der prozentualen Zu- und Abnahme der Bar- und Sicherheitsdeckung zu den umlaufenden Noten war dem Ermessen der Leitung überlassen. Auch für die Emission bestand keine Höchstgrenze. Die Leitung sorgte aber dafür, daß der Notenumlauf den Betrag des Aktienkapitals nicht überstieg. So gab die Bank bei der Gründung Noten über eine Million Dollars aus. Im Jahre 1901 war das Aktienkapital bereits auf fünf Millionen Taels erhöht; daraufhin wurden weitere fünf Millionen Dollars in Noten ausgegeben. Zu dieser zurückhaltenden Notenpolitik wurde die Handelsbank durch die Erfahrung bestimmt, daß das Publikum die Kredit- und Zahlungsfähigkeit einer Bank in erster Linie nach der Höhe des Eigenkapitals beurteilt. Außerdem war das Bemühen der Bank immer darauf gerichtet, ihr Notengeschäft in ein entsprechendes Verhältnis zu den anderen Kreditgeschäften zu bringen; dadurch wurde sie in die Lage versetzt, ihre Noten prompt einzulösen. Infolgedessen gewann die Handelsbank das volle Vertrauen des Publikums und gilt bis heute als die solideste Notenbank in China.

Die Handelsbank ist auch die einzige chinesische Bank, welche in Schanghai in den Verein ausländischer Banken als Mitglied aufgenommen wurde. Diese Aufnahme hat die Bank in erster Linie wohl dem Umstand zu verdanken, daß sie eine Reihe von ausländischen Angestellten beschäftigt. Unter den Schanghaier Banken nimmt sie insofern eine Sonderstellung ein, als sie sowohl mit chinesischen wie mit europäischen Kaufleuten Geschäfte treibt. In den nächsten Jahren wurden dann auch in anderen großen Handelsstädten moderne Aktienbanken gegründet. Ihre Organisation entsprach im allgemeinen derjenigen der Handelsbank, nur in einem wichtigen Punkt, nämlich der Notenpolitik, schlugen die meisten dieser Neugründungen andere Wege ein. Ihr Interesse an dem Notengeschäft beruhte nur auf dem Bestreben, sich billige Kredite zu verschaffen und diese wieder verzinslich anzulegen, oder mit den Noten Beteiligungs- oder Gründungs- und Spekulationsgeschäfte zu treiben. So wurde mit der Notenfreiheit hier ein großer Mißbrauch getrieben, indem man Noten in unbeschränktem Umfang ausgab. In den ersten Jahren waren wenigstens die Forderungen der Banken noch liquid, so daß sie ihre Noten einlösen und ihr Vertrauen beim Publikum aufrecht erhalten konnten. Auch waren die Eigenkapitalien und fremden Gelder, wenn auch nicht liquid, so doch sicher angelegt. Als nun mit der Zeit der Notenumlauf immer weniger gestört und die Noten selbst immer seltener zur Einlösung gebracht wurden, geriet das Liquiditätsprinzip der Notendeckung in Vergessenheit. Außerdem begannen die Banken, ihre Kapitalien in Gründungs- und Beteiligungsgeschäften fest anzulegen, die sich selbstverständlich mit dem Notengeschäft nicht vereinigen ließen. Die Folge davon war, daß die Banken ihre Noten nicht mehr prompt einlösen konnten; und dieser Umstand gab wiederum zu wiederholten Runs Anlaß.

Die Bankruns führten zu keiner Besserung der Notenpolitik. Anstatt daß die Banken das richtige Verhältnis zwischen ihren Noten- und Anlagegeschäften herzustellen und so das öffentliche Vertrauen wieder zu gewinnen versuchten, schlugen sie einen anderen Rettungsweg ein, der aber schließlich zum Ruin führte. Das war das Effektenspekulationsgeschäft. Auch dieses war erst mit der Einführung moderner Unternehmungsformen nach China gekommen. Die chinesischen Banken betrieben dieses Geschäft wie alle Effektenbanken. Das Effektenemissionsgeschäft war zwar infolge der langsamen Entwicklung der modernen Unternehmungen sehr beschränkt. Aber die vorhandenen Inlandspapiere sowie die ausländischen wurden bald ein wichtiges Objekt des Börsenverkehrs. Aus diesem Geschäft enstanden zweierlei Vorteile für die Banken: erstens die Provisionen, welche sie als Entgelt für die Geschäftsvermittelung bezogen; zweitens die Zinsen, die aus Deport- und Reportgeschäften stammten. Aber schließlich griffen die Banken selbst in die Spekulation ein. Das wirkte um so gefährlicher, da die Banken gerade dazu ihre Notenkredite in weitgehendem Maße brauchten. Die katastrophale Folge der allgemeinen Spekulationswut bildete dann der Zusammenbruch der Gummi-Effekten im Jahre 1910.

Die Banken hatten neben anderen Spekulanten mit allen Mitteln in diesen Effekten à la hausse spekuliert. Als sich nun herausstellte, daß die überseeischen Plantagen nur Schwindelunternehmungen waren, sank der Kurs sofort ins Uferlose. Das hatte eine scharfe Krisis zur Folge, welche die meisten der neuen Banken zur Einstellung ihrer Zahlungen zwang.

Neben den Aktienbanken hatten auch eine Reihe von Privatbankiers und halbamtlichen Bankinstituten der alten Art ihren Betrieb auf die neue Basis eingestellt. In den meisten Fällen handelte es sich aber hier um eine bloße Umformung der Unternehmungen, ohne daß die innere Organisation und die Geschäftsführung wesentlich geändert worden wäre. Den hauptsächlichsten Zweck, den man dabei verfolgte, bildete die Aufnahme des neuen Notengeschäftes in der von den Aktienbanken betriebenen Form; das sollte nach damaliger Auffassung einen großen Gewinn abwerfen. Diese Bankinstitute standen meistens außerhalb der Bankiergilden und konnten deshalb ihren Betrieb eher umstellen als die einheimischen Bankiers. Auch hier wurde aber mit der Notenfreiheit Mißbrauch getrieben. Die Folge davon waren häufige Bankruns und Bankerotte. Die Emittenten dachten aber nicht daran, ihre Emissionen einzustellen oder wenigstens einzuschränken. Im Gegenteil, sie gaben sogar immer mehr Noten auch in kleinen Nennwerten, wie Kupfercents und Cash aus. Das war, wenn diese Noten wie alle anderen auch nur eine lokale Umlaufsfähigkeit hatten und ohne Bedeutung für den interlokalen Zahlungsverkehr waren, eine sehr bedenkliche Maßnahme, die dazu führte, daß die gesamten Notenmengen der verschiedenen Orte den Bedarf des Zahlungsmarktes bei weitem übertraf. Obwohl für die Noten keine Annahmepflicht bestand, wirkte diese ungehemmte Notenausgabe doch inflatorisch. Das war besonders im Kleinhandel bemerkbar. Vor allem machte sich dort, wo der Markt von den verschiedenartigsten Noten überflutet wurde, das Grahamsche Gesetz geltend, indem hier überall das Metallgeld verschwand. Schließlich wollte der Kleinhandel nur gegen Metallgeld Waren abgeben. Diese Entwicklung führte dann dazu, daß die Bankinstitute, besonders diejenigen, welche die Kleinnoten ausgaben, ihr Notengeschäft völlig einstellen mußten.

In dieser Gründungsepoche war das Notengeschäft völlig frei. So konnte dasselbe Geschäft bei den verschiedenen Banken ein besonderes Gepräge annehmen. Dieser Umstand macht eine einheitliche Darstellung des Notengeschäftes unmöglich. Auch läßt sich ein allgemeiner Überblick über den damaligen Notenbestand nicht gewinnen, da für die Banken keine Pflicht zur Veröffentlichung bestand.

B. Die Konzentrationsbewegungen der Notenausgabe.

Die Konzentration der Notenausgabe ging sowohl vom Staate wie auch von den Privatnotenbanken aus. Die staatliche Notenkonzentration beruhte auf dem Gedanken, daß der Staat im Zeitalter des modernen Kapitalismus auch die Regelung des allgemeinen Wirtschaftslebens in seine Hand nehmen müsse. Vor allem müssen Währung und Notenausgabe unter staatliche Kontrolle gestellt werden. Die Notenpolitik des Staates ist also währungspolitischer und finanzpolitischer Natur. Den Beginn dieser Bewegung kann man wohl von der Errichtung der halbamtlichen Hupu-Bank ab rechnen. Denn damit wurden die ersten gesetzlichen Maßnahmen zur Einschränkung des freien Notengeschäftes getroffen, die schließlich auf die völlige Einstellung des Privatnotengeschäftes hinauslaufen sollten.

Die Notenkonzentration der Privatbanken lief mit der staatlichen parallel, beruhte aber auf ganz anderen Beweggründen. Nicht die Anordnungen einer machtlosen Regierung veranlaßten die Banken zur Einstellung, bezw. Einschränkung ihrer Notenausgabe, sondern die Übelstände der Privatnotenwirtschaft, welche das ganze Bankgewerbe in Mißkredit brachten und die Ausführung sämtlicher Bankgeschäfte erschwerten, zwangen die Banken dazu, einen gildenartigen Verein zu bilden, der die richtige Geschäftsführung seiner Mitglieder überwachen sollte. Damit haben die Banken ähnlich wie die einheimischen Bankiers eine höhere Instanz geschaffen, welche ihnen die Grundsätze ihrer Geschäftsführung vorschreibt. Auch die Ausführung des Notengeschäfts ist der Regelung des Vereins unterworfen. Dadurch gewann dieser immer größeren Einfluß nach innen und außen und wurde im Jahre 1915 durch eine staatliche Verordnung als selbständige juristische Person gesetzlich anerkannt. In neuester Zeit hat man einen Plan entworfen, wonach der Verein der Banken auf föderativer Grundlage die ganze Notenemission übernehmen soll. Dabei verfolgt man den Zweck, die Notenemissionen einheitlich zu regeln, ohne daß sich der Staat in diese Angelegenheit einzumischen braucht. Gleichzeitig strebt der Verein dahin, den Yuan zum tatsächlichen Währungsgeld zu erheben und so den Noten eine größere Bedeutung zu verschaffen.

Parallel mit dieser Konzentrationsbewegung des Vereins der Banken geht eine ähnliche Bewegung unter den Bankgruppen, die wir als eine Konzentration des Bankbetriebes bezeichnen können. Diese hat ihren Ursprung in der Bildung von Bankkonsortien, die sich meistens mit Regierungsgeschäften befaßt haben. Daraus sind dauernde Interessengemeinschaften zwischen verschiedenen Banken entstanden, und diese haben teilweise zu einer weiteren Konzentration der Bankbetriebe geführt, die meistens in Form von Fusionen erfolgte. Die Fusion von Großbanken geschieht in der Regel durch Aufkauf von Aktien, während die Banken rechtlich als Einzelunternehmungen bestehen bleiben. Die auf diese Weise fusionierten Banken nennt man in China Bankgruppen. Diese haben ein Interesse daran, ihre Geschäftsführung möglichst rationell zu gestalten. In der Notenemission wollen die Bankgruppen keineswegs die Vorschriften des Vereins der Banken annehmen. Vor kurzer Zeit hat die sogenannte Vierbankengruppe folgenden Entwurf einer

Notenemission veröffentlicht: die Einzelbanken sollen ihr Notengeschäft aufgeben; dafür wird eine gemeinsame Notenemissionskasse errichtet, welche als selbständige Notenstelle der Gruppe fungieren soll. Dieser Plan ist in verschiedenen Orten auch bereits verwirklicht worden.

1. Die staatlichen Einrichtungen.

Die politische Entwicklung seit den letzten Jahrzehnten des vorigen Jahrhunderts hat die chinesische Regierung gezwungen, hre bis dahin den wirtschaftlichen Problemen gegenüber geübte Passivität aufzugeben und aktiv in das Wirtschaftsleben einzugreifen. So sind die verschiedenen wirtschaftlichen Reformprojekte neben den politischen entstanden. Im Mittelpunkt der ganzen wirtschaftlichen Reformen steht die Währungsfrage. Man will die herrschende, ganz auf Metall beruhende Bankwährung abschaffen und dafür nach europäischem Vorbild ein staatliches Geld einführen. Diese Reformbewegung hat bereits um das Jahr 1887 eingesetzt, konnte sich aber wegen der finanziellen und verwaltungstechnischen Schwierigkeiten vorerst nicht weiter entwickeln. Selbst die sogenannte Währungsklausel, ein Artikel des Schanghaier Handelsvertrags von 1902, konnte nicht die rasche Durchführung einer einheitlichen, staatlichen Währung erzwingen. Erst 1910 hat das Finanzministerium ein Währungsgesetz entworfen, das aber wegen der im nächsten Jahre ausgebrochenen Revolution nicht in Kraft treten konnte. Im Jahre 1914 wurde ein neues Währungsgesetz erlassen, das aber ebenfalls noch nicht in Kraft getreten ist. Die verschiedenen inzwischen von den staatlichen Münzen geprägten Silberdollars, die offiziell als unbeschränktes gesetzliches Zahlungsmittel anerkannt sind, fungieren im freien Verkehr keineswegs wie Währungsgeld, sondern haben vielmehr nur den Charakter von Handelsmünzen, wie die mexikanischen Dollars, die den Taels gegenüber einen schwankenden Kurs haben. Das Weiterbestehen der Taelwährung macht nun alle staatlichen Reformpläne bezüglich der Währung illusorisch.

Hand in Hand mit der staatlichen Währungsreform geht die Regelung des Notenemissionswesens durch den Staat. Als Ausgangspunkt kann man hier wohl die Errichtung der halböffentlichen Hupu-Bank bezeichnen. Diese Bank sollte eigentlich als Ausführungsorgan für die geplante Währung dienen. Gleichzeitig wollte der Staat dieses Institut zur Zentralnotenbank erheben. Das Statut der Ta-Ts'ing-Bank, der Nachfolgerin der Hupu-Bank, räumte ihren Noten eine rechtliche Sonderstellung vor anderen Privatnoten ein.[1]) Der Plan der Schaffung einer Zentralnotenbank wurde

[1]) Artikel 20, 21, 22 und 23 des Statuts der Hupu-Bank sehen vor, daß die Noten von allen staatlichen Kassen in Zahlung angenommen werden sollten. Artikel 5 des Statuts der Ta-Ts'ing-Bank bestimmte, daß diese im Auftrage der Regierung Noten ausgeben könnte. Die Einzelheiten sollte ein noch zu erlassendes Banknotengesetz regeln.

aber nicht völlig ausgeführt, und die Vorschriften über die Einschränkung der Privatemission standen meistens nur auf dem Papier. Die Regierung verfolgte in dieser Frage überhaupt keinen geraden Weg, indem sie das Notenprivileg bald den Nationalbanken vorbehalten wollte, bald es aber auch wieder einigen Privatbanken zugestand.

a) Die Zentralnotenbanken.

α) Die Hupu-Bank, d. h. die Bank des Finanzministeriums.

Die Hupu-Bank wurde im Jahre 1905, also vier Jahre nach der Beendigung des Boxerkrieges, gegründet. Sie hatte den primären Zweck, die Einführung einer einheitlichen Währung vorzubereiten. Je mehr der moderne Kapitalismus in China eindrang, um so deutlicher zeigte sich, daß die chinesische Volkswirtschaft mit ihrer alten Währung und Banktechnik nicht mehr auszukommen vermochte, und daß gerade auf diesen beiden Gebieten grundlegende Änderungen notwendig waren. Diese Entwicklung wurde durch außenpolitische Ereignisse noch beschleunigt. Schon 1902 hatte die chinesische Regierung in dem mit England abgeschlossenen, auch unter dem Namen „Mackay Treaty" bekannten Handelsvertrag den Mächten gegenüber die Verpflichtung übernommen, binnen kurzem eine einheitliche Währung zu schaffen. In dieser Frage gingen die Ansichten weit auseinander. Noch vor der Ratifizierung des Vertrages schickte die chinesische Regierung eine Währungskommission nach Japan, um dort den Übergang von der alten zur neuen Währung und die Errichtung der Bank von Japan zu studieren. Auch die Regierung der Vereinigten Staaten sandte eine Sachverständigenkommission nach Peking, um den chinesischen Reformatoren mit Rat und Tat beizustehen. Die in- und ausländischen Sachverständigen einigten sich auf eine vorläufige Doppelwährung mit Silber- und Goldwechseleinheit, welche dann später in eine reine Goldwährung übergehen sollte. Dieser Plan kam aber infolge heftigen Widerstandes seitens der Provinzialregierungen nicht zur Ausführung.

Immerhin war der amerikanische Vorschlag der Errichtung einer, bis dahin in China unbekannten Zentralnotenbank auf fruchtbaren Boden gefallen. Im Jahre 1904 überreichte das Finanzministerium im Verein mit dem Finanzrat dem Thron eine Denkschrift mit dem Entwurf einer Zentralbankverordnung. Dieser wurde geprüft und genehmigt. Die Hauptstelle der Bank wurde am 27. September 1905 in Peking errichtet. Die Bank war eine Aktiengesellschaft mit vier Millionen Taels Kapital; daran war das Finanzministerium zur Hälfte beteiligt. Sie stand unter der direkten Kontrolle des Finanzministeriums, das auch die beiden Vorsitzenden des Direktoriums ernannte. Zu den Hauptaufgaben der Bank gehörte unter anderem auch die Notenemission, merkwürdigerweise erwähnt das Statut nichts über die Einführung einer neuen Währung. Dagegen äußerte die britische Handelskammer in Schanghai und ebenso die „American Association in China" große Unzufriedenheit und beide forderten ihre Regierungen auf, gegen die Nichtachtung des Mackay Vertrags zu protestieren. In Wirklichkeit wurde dadurch an der Sache wenig geändert. Zwar proklamierte im Jahre 1905 ein kaiserliches Edikt die Einführung einer reinen Silberwährung. Die Münzanstalten sollten in Zukunft als Währungsmünzen nur Silbermünzen in folgender Stückelung ausprägen: 1, $^1/_2$ und $^1/_{10}$ Tael-Stücke; das Kupfergeld dagegen sollte ausschließlich als Scheidemünze dienen. Diese neuen Münzen sollten der Hupu-Bank zur Deckung ihrer neuen Banknoten zugeführt werden. Tatsächlich wurden aber nur einige tausend Stücke solcher Silbermünzen ausgeprägt. Die Hupu-Bank gab auch weiterhin Noten in Taels, Dollars und Kupfergeld aus. So wurde die Währungsklausel des Mackay Vertrags praktisch hinfällig, und damit war auch das Schicksal der ganzen Währungsreform besiegelt. In gleicher Richtung wirkte die in den nächsten Jahren vorgenommene Ausprägung großer Mengen Kupfergeldes (Zehn-Cash-Stücke), welche durch die Bank in Umlauf gesetzt wurden. Bald zeigte sich aber, daß der Kupferumlauf den Marktbedarf weit überstieg; infolgedessen entstand ein hohes Agio auf Silber. Als Gegenmaßnahme ordnete man dann im Jahre 1908 die zeitweilige Einstellung der Kupferausprägung und die Zurückziehung von fünf Millionen Taels Kupfergeld aus dem Verkehr an. Wie weit aber tatsächlich diese Verordnung befolgt wurde, ist nicht bekannt.

β) Die Ta-Ts'ing-Bank.

Im Jahre 1908 wurde die Hupu-Bank in die Ta-Ts'ing-Bank umgebildet. Die Zentralbankverordnung von 1905 war sehr provisorischer und einfacher Art; sie sah zur Regelung des Notenwesens zwar eine Stückelung in Taels vor, bestimmte aber nichts über die Deckung, Kontingentierung und dergleichen. Die Bank gab nicht bloß Tael-, sondern auch Dollar- und Kupfernoten aus. Der Betrag der gesamten Ausgabe bis 1908 ist nicht bekannt. Das war die Zeit, wo man sich noch nicht zur Schaffung einer modernen Währung entschlossen hatte.

Im Jahre 1908 erließ das Finanzministerium verschiedene Bankverordnungen, welche für die öffentlich rechtlichen Banken ausdrücklich besondere Privilegien vorsahen; sie sollten für Rechnung des Staates folgende Geschäfte betreiben: die Ausgabe von Währungsmünzen, die Emission der Banknoten und Staatsanleihen und schließlich die Verwaltung der öffentlichen Finanzen. Als Zentralbank des chinesischen Reiches wurde die „Ta-Ts'ing-Bank" erklärt.[1]) Ihr aus 24 Artikeln bestehendes Statut war dem der modernen Zentralnotenbanken nachgebildet, brachte jedoch keine genauere Regelung des Notenwesens; das war nicht möglich, solange die Währungsfrage noch unentschieden war und ein einheitliches Banknoten-

[1]) Ta Ts'ing bedeutet „die große Ts'ing (Dynastie)"; Ts'ing („rein") ist die chinesische Bezeichnung der Mandschu-Dynastie (1644—1911).

gesetz fehlte. Artikel V der Verordnung lautet: „Die Bank hat das ausschließliche Recht, für Rechnung des Staates Banknoten auszugeben. Die Ausführung des genannten Geschäftes regelt ein noch zu erlassendes Banknotengesetz. Vorläufig ist die Ausgabe von lokalen Umlaufsnoten zulässig“. Unter lokalen Umlaufsnoten sind alle Taels-, Dollar- und Kupfernoten zu verstehen, deren Gültigkeit nicht über den lokalen Markt hinausgeht. So konnte die Ta-Ts'ing-Bank auf Grund des Artikels XX dreierlei Umlaufsnoten in Taels, Dollars und Kupfer ausgeben. Für die Tael- und Dollarnoten war eine Stückelung in 1, 5, 10, 50 und 100 vorgeschrieben. Die Kupfernoten lauteten gewöhnlich auf einen Strang. Auf jeder Note mußte der Ort und die Währungsklausel angegeben werden. Außerdem verfügte die Bank noch über eine Art Blanko-Noten, auf welchen der Betrag und die Währung nicht vorgedruckt waren, sondern je nach Bedarf eingesetzt werden konnten. Die gesamte Ausgabe belief sich nach den Bankausweisen im Jahre 1911 auf 5.438.910.75 Taels und 12.459.907.89 Dollars. Der Betrag der in Peking und Tsinanfu umlaufenden Kupfernoten ist darin nicht eingeschlossen. Der Notenumlauf war nach der Anordnung des Direktoriums durch die Deckung begrenzt. Die Deckung erfolgte zur Hälfte in Bar und zur Hälfte in gesicherten Forderungen der Bank. Die Ta-Ts'ing-Bank wurde am Ende 1911 liquidiert. Ihre Nachfolgerin ist die Bank von China.

Die Hupu- und Ta-Ts'ing-Bank waren keineswegs Zentralnotenbanken im eigentlichen Sinn, da sie überhanpt keine Noten in Währungsgeld ausgaben. Solange noch keine neue Währung geschaffen war, konnte auch von einer Zentralnotenbank nicht die Rede sein.

γ) Die Bank von China.

In den ersten Jahren der chinesischen Republik bestand in der Finanzpolitik die Tendenz, zur Notenfreiheit zurückzukehren. Die Reichsausgaben stiegen mit der zunehmenden Desorganisation des Staatswesens. Wenn auf der einen Seite die Pekinger Regierung zur Deckung des Etatdefizits auf in- und ausländische Anleihen angewiesen war, so versuchten auf der anderen die inzwischen von der Zentralregierung in weitem Maße unabhängig gewordenen Provinzen durch Ausgabe von Papiergeld ihre laufenden Ausgaben zu bestreiten. So mußten die in den letzten Jahren der Mandschu-Dynastie gemachten Anstrengungen, die Notenausgabe zu konzentrieren, notwendig scheitern. Es herrschte wieder ein wirres Durcheinander.

Bis zu einem gewissen Grade wurde aber dieser Wirrwarr durch Yüan Schi-k'ai beseitigt, dem es gelang, die Mehrzahl der Provinzen in seiner Hand zu vereinigen und eine verhältnismäßig starke Zentralregierung zu bilden. Damit lebte der Wunsch einer Notenkonzentration wieder auf. Leider schlug die Regierung einen umständlichen Weg ein. Zuerst versuchte man die emittierenden Provinzbanken unter die Kontrolle des Finanzministeriums zu bringen und dann verbot man ihnen die Notenausgabe. Auf diese Weise hoffte man eine allmähliche Einziehung möglich zu machen. Diese Gedanken fanden in der 1914 erlassenen Verordnung zur Kontrolle der Provinzbanken und in dem 1918 revidierten Gesetz zur Notenregulierung von 1915 ihren Ausdruck.

Was die Ta-Ts'ing-Bank anbelangt, so liquidierte die Revolutionsregierung noch Ende 1911 viele Hauptstellen derselben und gründete gleichzeitig in Schanghai die Bank von China, welche alle Rechte und Pflichten der Ta-Ts'ing-Bank übernahm. Die neue Verordnung über die Bank von China wurde aber erst 1913 durch das Parlament ratifiziert und erfuhr 1917 einige Änderungen. Diese beiden Verordnungen haben ebenso wie das neue Statut der Bank keine genauen Regelungen des Emissionswesens gebracht. Die Bank von China ist in Wirklichkeit nicht mehr Zentralnotenbank, sondern bildet nur eine unter den zur Notenausgabe konzessionierten Nationalbanken.

b) Die Emission der Nationalbanken.

Unter den Nationalbanken versteht man alle halböffentlichen Banken, an deren Gründung die Regierung oder einzelne Ressorts der staatlichen Verwaltung beteiligt sind. Hiernach sind sowohl die Ta-Ts'ing-Bank in ihren letzten Jahren wie die Bank von China seit ihrer Gründung Nationalbanken.

Die Nationalbanken sind staatlich privilegierte Notenbanken. Die Regelung des Notenwesens erfolgt im allgemeinen nach den Vorschriften des für die Ta-Ts'ing-Bank erlassenen vorläufigen Notengesetzes, die unter der Republik einige Änderungen erfuhren. Daneben wurden Bestimmungen des neugeschaffenen bürgerlichen Rechtes, welche die Schuldverhältnisse, insbesondere die Vorschriften über Emission von Inhaberpapieren betreffen[1]), herangezogen. Das Bestreben der Regierung ging dabei dahin, die ganze Notenemission auf die wenigen Nationalbanken zu konzentrieren. Zu diesem Zweck schuf sie zunächst im Jahre 1914 ein Währungsgesetz, das die Einführung einer reinen Silberwährung vorsah; in den Paragraphen 6 und 12 sowie in den Artikeln 1, 3, 4, 5, 6, 8 der Ausführungsbestimmungen werden die unbeschränkte Zahlungsfähigkeit und die Annahmepflicht der neuen Münzen ausdrücklich proklamiert. Außerdem wird darin als Rechnungseinheit der Yuan[2]) festgesetzt, der an Stelle der Tael-Einheit treten soll. Sodann erließ die neue Regierung eine Reihe von Verordnungen zur Einschränkung der privaten Notenemission, wobei sie sich an die älteren Verordnungen der Mandschu-Dynastie anlehnte. Diese Bestrebungen zur Be-

---

[1]) B. G. B. II. Schuldverhältnisse, Kap. 5 Paragraph 900 bis 917.

[2]) Der Silber-Yuan ist in 100 Fen und 1000 Li eingeteilt. Nur das Ein-Yuan-Stück ist vollwertig ausgeprägt. 50-, 20- und 10-Fen-(Cents) Stücke bestehen aus Silber, 5-Fen-Stücke aus Nickel, 2- und 1-Fen sowie 5-, 2- und 1-Li-Stücke aus Kupfer. Diese sind Scheidemünzen und haben eine beschränkte Zahlungsfähigkeit; vgl. Währungsgesetz von 1914, Paragraph 3, 4, 5 und 6.

schränkung der Notenemission wurden aber durch das Vorgehen Yuan Schi-k'ai's hinfällig gemacht. Sobald er sah, daß er die von den Nationalbanken aufgenommenen großen Kredite nicht mehr zurückzahlen könne, verfügte er die Zahlungseinstellung der beiden Banken. Die natürliche Folge davon war eine starke (bis 30%) Entwertung ihrer Noten. Diese ganze Entwicklung mußte dann die Nationalbanken dazu bestimmen, in Zukunft von Regierungsgeschäften sich möglichst zurückzuhalten und ihren Betrieb mehr auf die Privatwirtschaft einzustellen.

c) Die Goldnotenbank.

Nach dieser großen Erschütterung des Staatskredits bemühte sich die Regierung während des Weltkrieges noch einmal, ihre Hoheit in der Währungsfrage und der Notenemission geltend zu machen, indem sie eine Goldwährung einzuführen suchte. Zu diesem Versuch ermutigte die günstige Konjunktur, nämlich das Sinken der Goldvaluten; dabei lehnten sich die beiden führenden Finanzminister, Liang K'i-tsch'ao und Ts'ao Schu-lin, an die von Vissering in seinem Werk „On Chinese Currency" entwickelten Grundsätze an. Die Einführuug der Goldwährung sollte in drei Stadien erfolgen: 1) die tatsächliche Durchführung des Währungsgesetzes von 1914, 2) die Ausgabe von Goldnoten durch die staatlich privilegierten Banken (damit sind die Nationalbanken gemeint) und 3) die Einführung einer reinen Goldwährung. Man beabsichtigte eine umfangreiche Ausprägung von Yuan-Münzen nach den Vorschriften des Währungsgesetzes von 1914, damit ein genügender Silberumlauf in gemünztem Geld vorhanden wäre und dadurch die Silbertaelwährung verdrängt würde. Das Gold sollte aber vorläufig nicht gemünzt sein. Gewisse Banken, nämlich die Nationalbanken, sollten vom Staate das Privileg erhalten, Noten in Gold auszugeben. Die Goldnoten sollten voll gedeckt sein. Die Deckung besteht, solange Goldmünzen nicht ausgeprägt werden, in Goldbarren und Golddevisen. Die Goldemissionsbanken sind verpflichtet, monatlich dreimal einen Ausweis über den Stand der Deckung zu veröffentlichen. Die Banken unterstehen der direkten Kontrolle des Währungsamtes.[1]) Die Goldnoten und die Silber-Yuan sind unbeschränktes gesetzliches Zahlungsmittel. Eine Wertrelation zwischen Goldnoten und Silbermünzen wird nicht von vornherein festgesetzt. Die Schwankungen des Kurses zwischen den beiden Währungsgeldsorten werden von den Emissionsbanken notiert und bekanntgegeben. Goldnoten kann man erhalten durch Hingabe von Devisen, ungemünzten Edelmetallen und Yuan-Stücken an die Bank. Die Noten lauten auf Goldmünzen, Gold-Yuan

---

[1]) Während bis dahin nur gelegentlich Währungskommissionen einberufen wurden, errichtete die Regierung 1917 ein dauerndes Währungsamt, um die geplante Währungsreform rasch und systematisch durchzuführen.

genannt,[1]) und sind gegen diese einlösbar. Vor der Ausprägung von Goldstücken aber werden die Noten in Silber-Yuan nach dem jeweiligen Kurs des Silbers zum Gold eingelöst. Der Inhaber kann den Goldbetrag durch Vermittlung der Emissionsbanken auf ein beliebiges Girokonto übertragen oder den Betrag nach anderen Orten oder ins Ausland überweisen. Damit die Goldnoten in Verkehr kommen können, sieht die Verordnung vor, daß die anderen Goldnotenbanken ihre Noten zur Kreditgewährung und zu Anlagegeschäften verwenden dürfen.[2]) Soweit der hauptsächlichste Inhalt der betreffenden Denkschriften.

Ende 1917 versuchte Liang K'i-tsch'ao bei dem Bankkonsortium Englands, Frankreichs, Rußlands und Japans eine Anleihe von 20 Millionen Pfund aufzunehmen, um seine Reformpläne durchzuführen. Die Anleihe kam aber nicht zu Stande, und daran scheiterte die ganze Währungsreform.

2. Die Einrichtung der Privatbanken.

In der ersten Gründungsperiode herrschte eine weitgehende Dezentralisation im Bankgewerbe, und keine Bank hatte irgendwelche Beziehungen zu einer anderen. Die einzelnen Banken betrieben auch alle Bankgeschäfte ohne Rücksicht auf die Unverträglichkeit der verschiedenen Kreditgeschäfte. Aber mit der Zeit trat allmählich eine Arbeitsteilung unter den Banken ein. Die Spezialisierung der Bankgeschäfte ging parallel mit der Konzentrierung gewisser Geschäfte, insbesondere des Notengeschäftes.

Diese beiden Bewegungen wurden durch die Entstehung des Vereins der Banken erst ermöglicht. Der Verein der Banken war zunächst eine clubartige Einrichtung unter den Banken eines Ortes, der in erster Linie der Geselligkeit diente. Ein solcher Verein wurde zuerst in Schanghai gegründet, andere Städte folgten dann diesem Beispiel. Der Verein entwickelte sich rasch zu einer selbständigen Unternehmung und wurde schließlich 1915 als juristische Person anerkannt.[3]) In Wirklickeit wurde er aber zu einer gildenartigen Einrichtung, indem er immer mehr in die inneren Angelegenheiten der Banken eingriff, und seine Maßnahmen von den Banken auch tatsächlich befolgt wurden.[4])

Der Bankverein bildet jetzt die tatsächliche Vertretung der Banken und ist zugleich eine wirtschaftliche Unternehmung. Nach Paragraph 1 der Verordnung zur Errichtung von Bankvereinen (1915) wurden dem Vereine drei Aufgaben zugewiesen: erstens geschäft-

---

[1]) Einheit ein Gold-Yuan, enthält 0,752,318 gr. reines Gold.

[2]) Vgl. Paragraph 3, 4, 5, 6 und 8 der Verordnung betreffend Ausgabe von Goldnoten.

[3]) Vgl. Gesetz betreffend Einrichtung des Vereins der Banken, 24. August 1915. Das Gesetz wurde am 28. August 1918 revidiert.

[4]) Der Verein der Schanghaier Banken hat zwecks Vereinheitlichung sämtlicher Bankbetriebe und Einhaltung einer richtigen Geschäftsführung eine für alle Mitgliedbanken verbindliche Geschäftsordnung erlassen.

liche Aufträge von Seiten des Staates oder der Kommunen zu übernehmen, zweitens eine Abrechnungsstelle sowie ein Auskunftsbüro zu errichten und drittens die notwendigen Maßnahmen in Krisenzeiten zu treffen.[1])

Der Verein verfügt über eine reguläre Kasse, in welche die ordentlichen und außerordentlichen Beiträge fließen[2]) und aus der alle Ausgaben bestritten werden. Sollen außerplanmäßige gemeinschaftliche Geschäfte[3]) unternommen und gewisse Kapitalien verwendet werden, so müssen die Beteiligten einen entsprechenden Beitrag leisten. Die Vereine der Banken sind ihrerseits wieder zu einer Zentrale zusammengeschlossen. Anfangs bildete die Zentrale keine dauernde Organisation. Bei wichtigen Gelegenheiten wurden vielmehr Vertreter der einzelnen Vereine gewählt, welche über den vorliegenden Fall zu beraten hatten. Aus diesen gelegentlich einberufenen Kommissionen wuchs dann die Organisation einer dauernden Zentrale heraus. Die Entwicklung ist allerdings bis heute noch nicht abgeschlossen. Es besteht nur die Bestimmung, daß alljährlich außer den außerordentlichen noch mindestens eine ordentliche Versammlung der Vertreter der Vereine stattfinden muß, um den Meinungsaustausch zwischen den Vereinen und den Banken zu ermöglichen und dadurch das allgemeine Bankwesen zu fördern.

Die Banken sind durch die Organisation des Vereins und der Zentrale der Vereine von der Regierung vollständig unabhängig geworden. Diese Organisationen sind mächtig genug, um die staatliche Gesetzgebung zu annullieren, andererseits aber auch die einzelnen Banken von einem Mißbrauch der Bankfreiheit abzuhalten. Damit ist die altchinesische Gildenorganisation in das moderne Bankwesen Chinas übernommen. Der Staat, der vergeblich in die wirtschaftlichen Angelegenheiten einzugreifen versucht hat, muß sich nun damit begnügen, die Bildung von Vereinen der Banken zu unterstützen, damit wenigstens geordnete Verhältnisse im Bankwesen herrschen.[4])

Die Vereine der Banken und die Zentrale haben die Regelung der Währungsfrage und der Notenemission zu ihrer Aufgabe gemacht. Die Zentrale wollte anstatt der von der Regierung geplanten Gold-

---

[1]) Die revidierte Verordnung hat den dritten Punkt folgendermaßen abgeändert: der Verein macht sich zur Aufgabe, die Entwicklung des allgemeinen Bankgeschäftes zu fördern und bankwidrige Geschäfte zu unterbinden.

[2]) Nach Paragraph 6 der revidierten Verordnung soll die Höhe und die Art und Weise der Einziehung von den Vereinen des Ortes festgesetzt werden. Nach Artikel 45, 46, 47, 48 und 49 des Statuts des Schanghaier Vereins der Banken hat jedes Mitglied beim Eintritt 1000 Yuan sowie einen monatlichen Beitrag zu zahlen, außerordentliche Beiträge nach Belieben.

[3]) Diese sind meistens Regierungsgeschäfte, wie das Anleihe-Geschäft.

[4]) Paragraph 1, Absatz 1 der Verordnung zur Errichtung von Vereinen der Banken 1915 heißt: „Alle Banken sollen sich gemäß den Vorschriften der gegenwärtigen Verordnung zu Vereinen zusammenschließen“. Dieser Satz ist in der revidierten Verordnung folgendermaßen abgeändert worden: „Banken, welche nach den Gesetzen der chinesischen Republik gegründet sind, können sich zu Vereinen zusammenschließen“.

und Goldnotenwährung zuerst nur eine gesunde Silberwährnng auf Grund des Währungsgesetzes von 1914 einführen. Aus diesem Grunde gewährten die Vereine der Banken 1921 der Regierung einen Kredit von $2^1/_2$ Millionen Yuan, um eine neue Münze zu errichten, welche unter Aufsicht der Banken stehen sollte. Sobald ein genügender Bargeldumlauf von Yuan vorhanden ist, soll die Bankowährnng endgültig abgeschafft werden. Als Rechnungseinheit haben die Banken bereits seit längerer Zeit den Yuan angenommen. Trotzdem wird heute noch ein großer Teil von Geschäften in Taels abgeschlossen, so daß die Banken mit zwei Währungseinheiten zu operieren haben. Das Notengeschäft ist jetzt ausschließlich auf die Yuan-Basis eingestellt.

Was die Notenausgabe betrifft, so will man dem Staate das Notenmonopol nicht übertragen, damit dadurch keine Inflation hervorgerufen wird. Vielmehr soll der Verein der Banken die Notenemission übernehmen, wodurch man die mit der Notenfreiheit verbundenen Übelstände und Unrentabilität zu vermeiden hofft. Das ist der Grundgedanke, auf welchem die Konzentrationsbewegung in der Notenausgabe des Vereins der Banken beruht.

a) Die Emissionsabteilung des Vereins der Banken.

Der langwierige Streit zwischen Notenfreiheit und staatlich geregeltem Notenwesen ist durch die Gründung des Vereins der Banken bis zu einem gewissen Grade beigelegt worden, und zwar aus folgenden Gründen: die Regierung hat sich besonders in den letzten Jahren unfähig gezeigt, die wichtigsten wirtschaftlichen Fragen zu lösen. Was die Notenregulierung betrifft, so sieht die Regierung hier keinen anderen Ausweg als diese ganze Aufgabe dem Verein der Banken zu übertragen. Die neuen Notenbanken haben ihrerseits wegen der Unrentabilität und des verhältnismäßig hohen Risikos ein großes Interesse daran, daß das Notengeschäft nicht mehr in seiner bisherigen Form betrieben, sondern einer Reform unterzogen wird. Infolgedessen sind die Banken geneigt, sich den Vorschriften des Vereins zu unterwerfen.

Nach langer Beratung haben die Regierung und die Privatbanken auf das direkte Notenrecht verzichtet: das Notenprivileg steht nun ausschließlich dem Verein der Banken zu. Die Konzentration der Notenausgabe geht aber durchaus nicht nach der bisherigen Methode vor sich, sondern erfolgt auf föderativer Grundlage. Der Inhalt der verschiedenen Verhandlungen zwischen der Regierung und den Banken kommt in dem Gesetz betreffend „Notenemission der gemeinsamen Kasse der Banken" zum Ausdruck.[1])

---

[1]) Das Gesetz lautet:

Paragraph 1. Die Vereine der Banken errichten gemeinsame Emissionskassen, welche in eigenem Namen Noten ausgeben. Solche Kassen werden zuerst in Schang-

Das Gesetz ist Ende 1922 veröffentlicht worden; Emissionskassen sind aber bis heute noch nicht gegründet. Die Vereine der Banken wollen vor Lösung der Währungsfrage nichts unternehmen. Im Jahre 1923 stellte demgemäß die zweite Versammlung der Zentrale der Bankvereine folgende Forderungen an die Regierung: Abschaffung der Tael-Währung,[1]) Einschränkung der Ausprägung kupferner Scheidemünzen,[2]) Aufhebung der Kontrollgebühren bei

---

hai, Tientsin und Hankou errichtet. Die innere Organisation regelt ein noch zu erlassendes Gesetz.

Paragraph 2. Diese Noten zirkulieren durch das ganze Reich und sind unbeschränktes gesetzliches Zahlungsmittel.

Paragraph 3. Die Noten lauten auf 1, 5, 10, 20, 50, 100 und 500 Yuan; auf jeder Note hat der Name des Ortes der Emission zu stehen. Die Emissionskasse ist verpflichtet, die von ihr emittierten Noten sofort in Yuan oder in anderen Umlaufsmünzen einzulösen.

Paragraph 4. Die Noten müssen 70% in Yuan oder anderen Umlaufsmünzen oder Edelmetallen und zu 80% in Staatspapieren und anderen Wertpapieren gedeckt sein. Der Prozentsatz der Bardeckung kann aber durch den Beschluß der Zentrale der Vereine der Banken und mit Genehmigung des Finanzministeriums und des Währungsamtes je nach der Lage der Konjunktur erhöht oder herabgesetzt werden.

Paragraph 5. Banken, welche nach den Gesetzen der chinesichen Republik errichtet und beim Finanzministerium eingetragen sind, können gegen Deckung, die bei der Emissionskasse (nach Vorschrift des Paragraphen 4) zu hinterlegen ist, Noten erhalten. Die Einzelheiten regelt das Statut der Emissionskasse.

Paragraph 6. Die Emissionskassen sind verpflichtet, wöchentliche Ausweise über den Stand des Notenumlaufes und der Deckung in der Zeitung des Emissionsortes zu veröffentlichen. Außerdem sind darüber monatliche Berichte an das Finanzministerium und das Währungsamt zu schicken.

Paragraph 7. Das Finanzministerium und das Währungsamt sind berechtigt, die Emissionskassen zu kontrollieren und die Geschäftsbücher zu prüfen.

Paragraph 8. Das Amtsgericht und die Handelskammer des Emissionsortes können auf Grund der wöchentlichen Veröffentlichung die Emissionskasse kontrollieren und die Geschäftsbücher nachprüfen.

Paragraph 9. Bei Zuwiderhandlung gegen Paragraph 4 seitens der Emissionskasse kann das Notenprivileg durch das Finanzministerium und das Währungsamt entzogen werden. Das Direktorium und die Angestellten der Kasse können mit einer Geldstrafe bis zu 5000 Yuan bestraft werden. Bei Vergehen gegen das Strafgesetzbuch wird die Angelegenheit dem Strafgericht übergeben.

Paragraph 10. Wer Noten fälscht oder verfälschte Noten in den Verkehr bringt, wird nach den Vorschriften des Strafrechtes bestraft.

Paragraph 11. Nach dem Inkrafttreten dieses Gesetzes dürfen nur Banken mit besonderer staatlicher Konzession Noten weiter emittieren. Diese können auch nach Paragraph 4 dieses Gesetzes Noten der Emissionskasse erhalten. Andere Privatemissionsbanken müssen nach einer vom Finanzministerium und Währungsamt festgesetzten Frist ihre Noten aus dem Verkehr ziehen. Den Banken steht es frei, ihr Notenrecht freiwillig jeder Zeit aufzugeben. Die Banken sind aber nicht berechtigt, vor Aufgabe des Notenrechtes Noten von der Emissionskasse zu empfangen. Die Regierung verpflichtet sich, nach Inkrafttreten dieses Gesetzes keinen Banken das Notenrecht zu erteilen.

Paragraph 12. Dieses Gesetz tritt mit dem Datum der Veröffentlichung in Kraft.

[1]) Man verlangt, daß die Erhebung der Seezölle und anderen Steuereinnahmen in Yuan erfolgt.

[2]) Die Kupferscheidemünzen sind unterwertig ausgeprägt. In den letzten Jahren wurden diese, insbesondere die Zehn-Cents-Stücke, von den provinzialen Münzanstalten in großem Umfange ausgeprägt, weil sie einen Gewinn abwarfen. Dies hatte aber eine Kupferinflation zur Folge, so daß ein Yuan über 130 Cents bewertet wurde.

Notentransporten von Privatbanken und Schaffung eines Wechsel- und Scheckrechts.[1])

Aus obigem Gesetz geht klar hervor, in welchem Maße die Regierung nachgegeben hat. Die Banken mischen sich aber noch weiter in die Angelegenheiten der staatlichen Währung ein. Ihre Bestrebungen laufen sicherlich darauf hinaus, die ganze Regelung des Währungs- und Notenwesens zu übernehmen und so die gesamte wirtschaftliche Konjunktur zu beherrschen; ein solches Bestreben kannten die früheren Bankiergilden nicht. Die Folgen lassen sich natürlich nicht voraussehen. Sicherlich werden die neuen Noten der Emissionskassen eine ganz andere wirtschaftliche Rolle spielen als die bisherigen Banknoten.

b) Die Notenausgabe der Bankgruppen.

Neben der Konzentrationsbewegung unter den Banken in Form von Bankvereinen geht eine parallele Bewegung vor sich. Das ist die Gründung von Bankgruppen.

Unter Bankgruppen ist hier die Vereinigung von mehreren Bankbetrieben zu gemeinschaftlichen Unternehmungen zu verstehen. Wenn diese Unternehmungen gelegentlicher Natur sind, so haben wir Bankkonsortien, wenn es sich um dauernde Unternehmungen handelt, so haben wir Interessengemeinschaften. Die Interessengemeinschaften können auf Grund einer Fusion oder eines freien Vertrages zwischen selbständigen Betrieben entstehen. Es gibt in China nur eine Bankgruppe von Bedeutung, das ist die sogenannte Vierergruppe, eine Interessengemeinschaft zwischen vier Banken. Sie entstand dadurch, daß ihre Aktien von einem bestimmten Interessentenkreis aufgekauft worden sind. Die Banken blieben aber dabei als Einzelunternehmungen bestehen. Diese Gruppe hat vor einiger Zeit zum Zweck einer gemeinsamen Notenemission eine gemeinsame Notenkasse errichtet, die getrennt verwaltet wird und an die Banken der Gruppe gegen genügenden Deckungsfond Noten ausgibt; diese Noten kommen durch die Banken dann in den Verkehr, während die Kasse die Einlösungspflicht übernimmt. Es handelt sich um eine Vereinfachung des Emissionsgeschäfts, außerdem sollen durch die getrennte Verwaltung der Bank- und Notenabteilung die Mißbräuche der freien Notenwirtschaft verhindert werden.

Die Noten dieser Gruppe sind schon im Umlauf. Nach der Bekanntmachung sollen die Noten voll in Metall gedeckt sein. Jedenfalls ist der Umlauf sehr beschränkt, und die Noten selbst haben für den Zahlungsverkehr und die allgemeine Konjunktur keine Bedeutung.

---

[1]) Dieser Schritt ist insofern bedeutsam, als die Grenzen zwischen diesen Kreditmitteln und den Banknoten nach chinesischer Auffassung fließend sind.

Schluß.

Zum Schluß wollen wir die Hauptpunkte unserer Untersuchung kurz zusammenfassen.

Im Mittelpunkt der ganzen Entwicklung des chinesischen Notengeschäftes steht die Währungsfrage. Das bedeutet, daß das Notengeschäft verschiedene Formen annimmt und verschiedenen Einfluß auf die Gestaltung der gesamten Wirtschaft ausübt, je nachdem das Wesen der Währung ein anderes wird. Es handelt sich darum, ob zu bestimmten Zeiten staatliche oder private Währung (Bankowährung) besteht oder eine von diesen beiden vorherrscht. Für das Aufkommen und Verschwinden solcher Währungsformen sind nicht nur wirtschaftliche Momente maßgebend, wie gewöhnlich angenommen wird, sondern auch die despotischen Maßregeln und die politische Ohnmacht des Staates auf der einen und die gildenkapitalistischen Entwicklungstendenzen der Privatwirtschaft auf der anderen Seite. Alle wirtschaftlichen Vorgänge beruhen ja letzten Endes auf dem sozialen und gesellschaftlichen Geiste eines bestimmten Kulturkreises und einer bestimmten Zeit, wie überhaupt die gesamte geistige Erscheinungswelt nicht durch eine einzige, sondern nur durch eine Reihe von Ursachen räumlicher und zeitlicher Art erzeugt wird. Es kann aber nicht Aufgabe der vorliegenden Arbeit sein, auf den gesamten Ursachenkomplex der chinesischen Währung einzugehen. Unsere Aufgabe besteht vielmehr darin, durch Beschreibung historischer Tatbestände darzustellen, wie und inwiefern die jeweilige Währungsform die Gestaltung des Notengeschäftes beeinflußt hat. Dazu müssen wir die Entwicklung des chinesischen Geldwesens nochmals kurz zusammenfassen.

Im chinesischen Altertum gab es bereits ein ziemlich entwickeltes Geldwesen, obwohl damals durchweg die Naturalwirtschaft vorherrschte.[1]) Diese Erscheinung läßt sich aus den politischen und sozialen Zuständen jener Zeit erklären. Bis um das vierte Jahrhundert v. Chr. existierte in China ein kollektivistisches Wirtschaftssystem mit einem patrimonialen Oberhaupt, das zugleich als oberster Leiter aller Sozialpolitik und staatlichen Fürsorge betrachtet wurde.[2]) Das gesamte Ackerland war staatliches Eigentum und unter die Bauern nach dem System der sogenannten Feldgemeinschaft verteilt. Die Städte bildeten die politischen und kulturellen Zentren; gleichzeitig waren sie die Sitze der Handwerke und des Markthandels. Der Staat war bestrebt, eine richtige Verteilung der Produktion sowohl unter den verschiedenartigen Produzenten wie unter Produzenten und Konsumenten zu erzielen. Die Verteilung der nationalen Produktion versuchte man in einfacher und praktischer Weise durch die Schaffung des Geldes zu erreichen. Nunmehr konnte der Staat eine bestimmte Preispolitik treiben, indem er je nach den wirtschaftlichen Verhältnissen

---

[1]) Vgl. M. Weber, Religionssoziologie, I. S. 278 f.

[2]) Diesen Gedanken führt Konfuzius an verschiedenen Stellen seiner Gespräche mit seinen Jüngern aus.

verschiedene, entweder vollwertige oder unterwertige Münzen ausgab, um eine künstliche Steigerung oder Senkung der Preise hervorzurufen. Das Geld trug absolut staatlichen Charakter, der Wert und das Wesen dieses Geldes bestand ausschließlich in der staatlichen Beglaubigung. Bei der Preispolitik ging man von dem Gedanken aus, durch die Regelung des Geldes nach den Mengen der Güter einen solchen Ausgleich der Preise zu erreichen, daß dabei weder der Produzent noch der Konsument zu Schaden kam. Diese regulative Einwirkung auf die Preisgestaltung bildete die Hauptfunktion des Geldes jener Zeit. Diese staatliche Geldpolitik konnte aber, nachdem Grund und Boden Privateigentum geworden waren und andere soziale Umwälzungen sich vollzogen hatten, nicht mehr aufrecht erhalten werden.

Mit der Gründung der Han-Dynastie wuchs die Bedeutung des Geldes, und das Geld selbst wurde nunmehr als eine absolute Größe betrachtet und verlor die preisregelnde Fähigkeit. Gleichzeitig trat eine Hochschätzung des Geldes ein, indem der Staat wie auch die Privaten Geld und Reichtum identifizierten. Eine merkantilistische Geldpolitik ließ sich aber nicht durchführen, weil die Voraussetzungen dazu fehlten. Man suchte nun eine künstliche Vermehrung des Geldes durch Ausprägung unterwertiger Münzen aus Nichtedelmetallen zu erreichen. Zu diesem Zweck wurde sogar das staatliche Münzmonopol zeitweilig freigegeben. Aus politischen Gründen wurde jedoch die Münzprägung bald wieder staatliches Monopol. Infolge des anwachsenden Geldgebrauchs im allgemeinen Verkehr fehlte nun dem Staate die Übersicht über die wirtschaftliche Lage und die Preisgestaltung. Auch die Einziehung und Ausgabe von hoch- und unterwertigen Münzsorten zur Preisregulierung war nicht mehr möglich. Die nominalistische und staatliche Form des Geldes mußte in den Hintergrund der Währungspolitik treten, und an ihre Stelle kam die metallistische. Es bildete sich ein neuer Grundsatz für die Währungspolitik heraus: „Bei Ausprägung von Münzen soll der Staat keine Überschußwirtschaft treiben. Die Herstellungskosten der Münzstücke sollen genau ihrem Nennwert entsprechen". Der Staat hatte die Münzhoheit nur bis in die Mitte der T'ang-Dynastie tatsächlich in seinen Händen, nominell besteht sie bis heute fort, in der Praxis ist aber die staatliche Währung bereits jahrhundertelang durch die private Bankowährung verdrängt worden.

Die Finanzpolitiker der verflossenen Jahrhunderte konnten aber den oben erwähnten metallistischen Grundsatz nicht durchführen. Man war genötigt, Münzen aus Nichtedelmetallen wie Kupfer und Eisen auszuprägen. In Zeiten finanzieller Schwierigkeiten wurden auch diese nur unterwertig ausgeprägt. Außerdem gab der Staat noch Kreditgeld aus. Die Folge davon war jedesmal der Eintritt einer großer Inflation, welche das ganze Geldwesen in Verwirrung brachte und schließlich auch den Untergang der verschiedenen Dynastien mitbedingte. Die Ausgabe von Kreditgeld erinnert wieder an die nominalistische und staatliche Anschauung in der Währungspolitik.

Diese Anschauung kam noch deutlicher in der Notenausgabe der verschiedenen Dynastien nach der T'ang-Zeit zum Ausdruck. Die Staatsnoten waren nichts als Kreditgeld mit dem Unterschiede, daß die Noten von dem Material des Geldes völlig unabhängig waren. Wie geschildert wurde, endigten die Papiergeldausgaben immer mit Inflation und Staatsbankerott. Wenn zur Zeit des Kublai Khan der Venetianer Marco Polo die Papiergeldemission als ein Zeichen großer Staatskunst bewunderte, weil damit aus dem Nichts Gold und Silber hervorgezaubert würden, so kann der Tieferblickende diese Bewunderung nicht teilen. Die großen Mengen Papiergeld dienten weniger zu wirtschaftlichen Zwecken als zur Befriedigung der persönlichen Bedürfnisse der Herrscher, die sich auf diese Weise das nötige Geld für ihre Geschenke, Bauten, militärischen Expeditionen usw. verschafften. In wirtschaftlicher Hinsicht schuf das Papiergeld keine besonderen Konjunkturen, da sich die Preise im ganzen geschlossenen Wirtschaftsgebiet des chinesischen Reiches auf gleichem Niveau veränderten. Immerhin bestand die Tendenz, sich von einem so unsicheren Zahlungsmittel freizumachen und nach einem wertbeständigen zu suchen.

Wir hören denn auch in den Geschichtswerken, daß bereits zur T'ang-Zeit in verschiedenen Orten ausländische Gold- und Silbermünzen als Zahlungsmittel umliefen. Zur Sung-Zeit wurde der Gebrauch von ungemünztem Silber allgemein, und damit war der Anstoß zur Entstehung der Bankowährung gegeben.

In der weiteren Entwicklung führte der Staat eine Währung ein, bei welcher gemünzte Kupfer-Cash und ungemünztes Silber[1]) die Werteinheiten bildeten. Die staatliche Währung mit dem Cash als Einheit bestand aber daneben weiter. Wir haben so eine zweifache Währung. Einige Jahrhunderte später wurde innerhalb der staatlichen Währung neben den Cash auch das Tael-System nach privatem Vorbild eingeführt. Die staatliche Währung ist somit eine Doppelwährung mit Kupfermünzen und Silber nach Feingehalt und Gewicht. Mit der Ausbildung der Bankowährung verlor jedoch das staatliche Geld seine Bedeutung. Die Cash zirkulierten nur im Kleinverkehr und die ungeheuren Notenausgaben waren für den Handel belanglos. Diese Währungszustände sind im Prinzip noch heute maßgebend. In der ganzen Folgezeit beherrschten die Prinzipien der Bankowährung alle Banktransaktionen. Selbst die Ausgabe von Kreditmitteln, die kurzfristig als Zahlungsmittel umlaufen konnten, stellt kein Durchbrechen dieser Prinzipien dar, weil sie entweder durch Silber oder sichere Forderungen gedeckt waren.

---

[1]) Der Staat prägte keine Silbermünzen aus. Gewisse Steuern wurden nicht in Cash oder Noten, sondern in Silber erhoben. Dabei wurde vorgeschrieben, wie die als Steuern zu entrichtenden Mengen Silber nach Feingehalt und Gewicht zu bewerten wären. Die Bewertung in den verschiedenen Ressorts war verschieden. Daher stammen die Bezeichnungen Kuping Tael, Haikuan Tael usw., d. h. Tael des Schatzamtes, des Seezolls usw.

In neuester Zeit konnte die Bankowährung, die nur lokale Gültigkeit hatte, bei der fortschreitenden Erschließung des Landes nach außen und innen den wachsenden Ansprüchen des Verkehrs nicht mehr genügen. Schließlich wurde eine geeignete Währung in der Übernahme europäischer Geldformen gefunden, die dann die Bankowährung mehr und mehr zurückdrängten. Damit kam auch das Notengeschäft, dessen Grundlage nunmehr das staatliche Geld bildete, wieder zu neuem Leben.

Anhang

I. Muster eines Tripelwechsels

Teil C	Teil B	Teil A
憑○○號祈付○○號君○日期銀○○兩此託 ○○莊存解 ○年○月○日 ○莊票根	地名圖章 憑票滙付 ○○號君銀○○兩至○處 按○月○日向 ○○莊驗兌 ○年○月○日 本莊圖章 第○○號 騎縫圖章	第○○號計支○○號君○日期銀○○兩 ○○莊存解 出票日期 第○○號 騎縫圖章

Teil C	Teil B	Teil A
Zahlen Sie $\frac{\text{Herrn}}{\text{Firma}}$ N. N. am Dato ...... Tls ...... An Bankier ....Jahr — Monat — Tag Stempel des Ausstellers	Siegel des Ortes der Ausstellung Zahlen Sie $\frac{\text{Herrn}}{\text{Firma}}$ N. N. Tls ...... in ...... (bestimmter Ort) am Dato ...... An Bankier ...... (Bezogenen) ......Jahr — Monat — Tag Stempel des Ausstellers No. ...... Kontrollsiegel	No. ...... Zahlen Sie $\frac{\text{Herrn}}{\text{Firma}}$ N. N. am Dato ...... Tls ...... An Bankier ...... (Bezogenen) Datum der Ausstellung No. ...... Kontrollsiegel

II. Bankier-Obligationen

No. 1

[地名圖章]

係付帳銀○○兩整

第百號 即日

[本莊圖章]

[Siegel Ort der Ausstellung]

Zahle Tls ....

No. 100 gegen Sicht

[Stempel des Ausstellers]

Inhaberpapier zahlbar gegen Sicht

No. 2

憑支銀○○兩整此照

○年○月日底期 第○○號

[本莊圖章]

Zahle Tls ....

am Dato ....Jahr ....Monat ....Tag

No. ....

[Stempel des Ausstellers]

Inhaberpapier zahlbar am Dato

No. 3

憑票付○○君/號銀○○兩整此據

○年○月○日底期 第○○號

[本莊圖章]

Zahle Herrn/Firma N. N. Tls ....

am Dato ....Jahr ....Monat ....Tag

No. ....

[Stempel des Ausstellers]

Namenspapier zahlbar am Dato

No. 4

[地名圖章]

憑票付○○君/號銀○○兩正此據

即期 第○○號

[本莊圖章]

[Siegel: Ort d. Ausstellung]

Zahle Herrn/Firma N. N. Tls ....

gegen Sicht

No. ....

[Stempel des Ausstellers]

Namenspapier zahlbar gegen Sicht

Zeitfracht Medien GmbH
Ferdinand-Jühlke-Straße 7
99095 Erfurt, Deutschland
produktsicherheit@kolibri360.de